I0486374

PROZESSOPTIMIERUNG IN DER ANGEWANDTEN MEDIATION

durch Kommunikationstechniken des NLP

Daniel Erdmann, M.A.

Ich danke meiner Familie sowie allen Beteiligten für Ihre jeweilige Unterstützung.

Title: PROZESSOPTIMIERUNG IN DER ANGEWANDTEN MEDIATION
                  durch Kommunikationstechniken des NLP
1st Edition: February 2010
by: Daniel Erdmann
Publisher: Daniel Erdmann
Copyright: © 2010, Daniel Erdmann
ISBN: 978-1-4452-2641-5
Print & Sale: Lulu Enterprises Inc., 860 Aviation Parkway, Suite 300,
                  Morrisville, NC 27560, United States of America

PROZESSOPTIMIERUNG IN DER ANGEWANDTEN MEDIATION

durch Kommunikationstechniken des NLP

Daniel Erdmann, M.A.

0 Abstract

Diverse Techniken des Neuro-Linguistischen Programmierens (NLP) wirken optimierend, untermalend oder gelten als eigenständige Methoden der Kommunikation. Über die Resultate einer Verknüpfung dieser Vorgehensweisen mit dem Bereich der angewandten Mediation gibt es allerdings bisher wenig wissenschaftliche Studien bzw. Aussagen. Mediatoren meinen, dass die reinen Kommunikationstechniken des Neuro-Linguistischen Programmierens eine optimierende und nachdruckverleihende Wirkung auf das Verfahren sowie auf die Persönlichkeit des Mediators haben. Hierbei handelt es sich um Techniken, die den Kommunikationsablauf bewusst werden lassen. Diese Studie erklärt, was unter dem Begriff der "angewandten Mediation" zu verstehen ist und stellt dar, wie sich ausgewählte Techniken des Neuro-Linguistischen Programmierens auf das Mediationsverfahren bzw. auf den Einsatzort beider Methoden in fusionierter Form auswirkt. Hierzu gibt es Feedback anhand einer qualitativen Erhebung.

Inhaltsverzeichnis

1 Einleitung

1.1 Fragestellung

Die Anwendung von Mediation als Beratungsmodell im Konfliktbereich ist immer weiter auf dem Vormarsch und erfährt auch in der Bevölkerung mehr und mehr an Akzeptanz. In der vorliegenden Studie wird die Fusion und die entstehende Funktionalität zweier Systeme analysiert. Es wird die Integration von kommunikationsfördernden Techniken des Neuro-Linguistischen Programmierens in das Verfahren der Mediation untersucht. Die Mediation nimmt in dieser Studie die Position eines Konfliktbeilegungsverfahrens sowie eine integrierte Rolle in anderen Beratungs- und Berufsgruppen ein. Man spricht daher auch von „angewandter Mediation".

Die Fachliteratur zum Thema Mediation, bezieht sich bisher entweder auf das grundlegende Phasenmodell des Beratungsverfahrens oder auf die spezifischen Einsatzmöglichkeiten in Fachbereichen. Welcher Umstand jedoch nicht in Frage gestellt wurde ist, ob das erfolgreiche Abhalten eines Mediationsverfahrens von weiteren prozessoptimierenden Faktoren abhängt oder lediglich eine gewisse Treue am Phasenmodell voraussetzt. Um in dieses Feld mehr Licht zu bringen, wird die Verfahrensverantwortung von dem Phasenmodell zurück auf den Mediator mit in Bezugnahme seiner Kompetenz in den Bereichen der Kommunikation und Verfahrenssicherheit projiziert.

1.2 Zielsetzung und Vorgangsweise der Untersuchung

Die vorliegende Untersuchung soll einen Anstoss zur Selbstreflektion der bisherigen Arbeit leisten. Die Inhalte des Konfliktwissens, der Mediation und des Neuro-Linguistischen Programmierens stellen die drei großen Eckpfeiler dieser Arbeit dar und stehen funktionell miteinander in Verbindung. Um die fundamentalen Begriffe dieser Untersuchung inhaltlich abzugleichen, werden sie, gemäß meines Verständnisses, unter Punkt 1.3 einleitend erklärt. Da die methodischen Inhalte der Mediation sowie des Neuro-Linguistischen Programmierens nicht fest definiert sind, folgt unter Punkt 2 die inhaltliche Darstellung der Techniken, welche den Teilnehmern der Diskussionrunde bekannt sind und themenspezifisch wichtig erschienen. Dieser Wissens- bzw. Methodenkatalog wurde in einem Write-in-Verfahren erstellt und spiegelt die Systemfragmente wieder, über deren Anwendung die Teilnehmer berichten oder die thematisch für wichtig erachtet wurden.

Im Rahmen dieser einleitenden Begriffsdeutung wird verständlich gemacht, wie die Kommunikationstechniken entsprechend ihres sachlichen Inhaltes ihre Anwendung finden und was für Kenntnisse bzw. Kompetenzen vom Mediator verlangt werden. Der Weg von der Kommunikationstechnik hin zum realen Werkzeug des Mediators bzw. des Konfliktberaters wird hier veranschaulicht. In der anschließenden Diskussionsrunde werden die theoretischen Grundsätze und Definitionen mit realen Erfahrungen und Stellungnahmen aus der Praxis abgeglichen.

1.3 Grundlegende Begriffe

Folgend werden die drei grundlegenden Themenfelder dieser Thesis inhaltlich dargestellt.

1.3.1 Der Konflikt

Konflikte beschreiben das Aufeinandertreffen von mindestens zwei Ansichten, Stellungnahmen, Erwartungen oder strategischen Vorgehensweisen. Sie stellen einen normalen und notwendigen Teil des Lebens dar, einen Veränderungsprozess. Der individuelle Ausgang des Konfliktes steht allgemein offen. Konflikte können versteckt oder ersichtlich wirken bzw. einen positiven oder negativen Ausgang und Verlauf haben. Ob eine Auseinandersetzung zum Anlass einer konstruktiven Veränderung wird, hängt von den beteiligten Parteien ab. Darüber hinaus kann in konstruktive und destruktive und / oder in warme und kalte Konflikte (vgl. Muldoon, 1998) unterteilt werden.

Bei konstruktiven Konflikten wird ein persönlicher oder gemeinschaftlicher Mehrwert erarbeitet. Destruktive Konflikte stellen sich so dar, dass eine oder beide Parteien Verluste erleiden oder die Kommunikation zum Erliegen kommt. Jeder Konflikt ist einer bestimmten Konfliktpsychologie und einem Konfliktumfeld zuzuordnen. Bei der Konfliktpsychologie spricht man über Hintergründe und Motivationen, welche sich in Strategien äußern. Bei dem Konfliktumfeld geht es darum, wo bzw. in welchem sozialen Bereich der Konflikt auftaucht bzw. entsteht. Entsprechend diesen Faktoren, ist auch die Auseinandersetzung mit dem Konflikt unterschiedlich. Man unterscheidet in einen Konflikt mit sich selbst, in einen Konflikt mit einem Konfliktpartner und in einen Konflikt zwischen Gruppen.

1.3.2 Mediation - Versuch einer Deutung

Vorab soll klargestellt sein, dass es sich hierbei nicht um eine detaillierte Definition aus einem Lehrbuch handelt, welche den genauen Ablauf des Verfahrens beschreibt, sondern vielmehr die äußerlichen Rahmenbedingungen bzw. eine Sichtweise des Aufbaus darstellt. Spricht man über das Thema Mediation, so wird schnell klar, dass es viele verschiedene Ansätze, Schulen und Ansichten gibt. Diese Unterschiede lassen sich auf nationaler, kontinentaler und interkontinentaler Ebene finden. Gemäß meiner persönlichen Erfahrung aus der Zusammenarbeit mit englischen und amerikanischen Kollegen stellte sich heraus, dass im englischsprachigen Raum die Phasenmodelle oft kürzer bzw. komprimierter gehalten wurden. Um für die vorliegende Studie einen gemeinsamen Rahmen zu finden, was Mediation für die hier beteiligten Parteien bedeutet, folgt der Versuch einer Deutung. Mediation, wie sie in den USA praktiziert wird, versteht sich, gemäß der U.S. Equal Employment Opportunity Commission (EEOC), als ein Verfahren der „Alternative Dispute Resolution".

In dem deutschsprachigen Raum wird darunter eine alternative bzw. außergerichtliche Konfliktbearbeitung verstanden. Beteiligt sind mindestens zwei Parteien (Medianten) und ein Mediator, welcher die Position eines neutralen Dritten einnimmt und die eigenverantwortliche

Konfliktbewältigung der Parteien moderiert. Mit der Aufnahme des Verfahrens wird der bestehende Konflikt nicht länger als negativer Umstand verstanden, sondern wird zu einer zukunftsweisenden Veränderungsmöglichkeit. Durch die detaillerte Aufarbeitung des Konfliktes anhand eines Phasenmodelles, wird eine Lösung mit beidseitiger Zufriedenheit angestrebt. Das bedeutet, dass die teilnehmenden Parteien einen positiven Nutzen aus dem Verfahren mitnehmen sollen. Auf diese Weise erhält der ursprünglich negativ angesehende Konflikt einen positiven Rahmen. Für die beteiligten Parteien sollte klar sein, dass Mediation kein Zeichen von Unfähigkeit ist. Dargestellt wird vielmehr, dass die Konfliktparteien einen professionellen und eigenverantwortlichen Standpunkt gegenüber dem Konflikt einnehmen. Die Verantwortung für die Vereinbarungsfindung liegt daher nicht bei dem Mediator, sondern verbleibt bei den Medianten. Der Mediator begleitet die Medianten auf dem Weg der Vereinbarungsfindung. Die möglichst friedliche Zusammenarbeit der Medianten soll von einem gehobenen Verhandlungsniveau zeugen. Für die Leitung des Prozesses stehen dem Mediator verschiedene Kommunikationsmodelle und Verfahrensstrategien zur Verfügung.

Der vorliegende Sachverhalt sowie die im Prozess entstehende Verfahrenssituation entscheidet, welche dieser Techniken vom Mediator angewendet wird. Das am meisten benutze Verfahrensmodell bezeichnet man als Einzelsitzung in Gegenwart des Anderen. Auf diese Art und Weise wird die individuelle Position des Einzelnen im Beisein des anderen Medianten besprochen und analysiert. Beide Parteien haben so die Möglichkeit, die persönlichen Ansichten und Prioritäten des Konfliktpartners wahrzunehmen und zu verstehen. Während des Verfahrens erhält jede Partei die gleiche Aufmerksamkeit und ausreichend Zeit, um sich kommunikativ am Verfahren zu beteiligen. Die Teilnahme an einem Mediationsverfahren ist, abhängig von den Umständen oder des Settings, meist freiwillig. Jeder der Teilnehmer kann während des Verfahrens zu jeder Zeit und ohne Angabe von Gründen seine weitere Teilnahme am Verfahren verneinen (vgl. Erdmann, 2008).

Angesehen als Verfahren des Krisenmanagements, entschleunigen die Techniken der Mediation die Eskalationsdynamik des Streitherdes. Innerhalb des Verfahrens werden die Sachverhalte nicht schöngeredet oder bewertet, sondern es findet eine objektive Analyse statt, welche von dem Mediator moderiert wird. Die Grundmotivation der Verfahrensaufnahme ist ein bestehender Einigungsbedarf der Konfliktparteien. Diese Grundmotivation sollte in sämtlichen Phasen der Mediation als Grundlage für die Vereinbarungsfindung gelten und die Medianten stimulieren, am Ende des Verfahrens einen Blick in die Zukunft zu wagen und somit zu prüfen, ob sich die entsprechende Partei in dem möglichen Lösungsrahmen wiederfindet. Eine der wichtigen Rahmenbedingungen für die Sicherung des Verhandlungsrahmens ist die Verschwiegenheitspflicht aller Beteiligten. Um diesen Verhandlungsrahmen vor zeitlichem Wildwuchs zu schützen, sollte die Länge einer Sitzung vorab festgelegt werden. Durch diesen zeitlichen Rahmen wird der Ablauf des Verfahrens für die Medianten übersichtlich. Bei zu langen Sitzungen lässt die Aufmerksamkeit nach, und die Informationen können nicht mehr optimal aufgenommen oder verarbeitet werden.

1.3.3 Neuro-Linguistisches Programmieren

Die Geschichte des Neuro-Linguistischen Programmierens, kurz NLP, reicht in die frühen 70er-Jahre des vergangenen Jahrhunderts zurück. Richard Bandler und John Grinder führten Studien über den menschlichen Sprachgebrauch und therapeutische Ansätze durch (vgl. Bandler & Grinder, 1989). Anschließend wurde ein Modell der Gesprächsführung entwickelt, das zwischen der Oberflächenstruktur und der Tiefenstruktur menschlicher Kommunikation unterscheidet.

Die Techniken des NLP lassen sich in zwei verschiedene Anwendungsgebiete unterscheiden. Das erste Einsatzgebiet sind die herkömmlichen menschlichen Kommunikationsformeln, und die andere Seite der Anwendung sind hypnothische Vorgänge, die ihren Einsatz im therapeutischen Rahmen finden. Gesprächsgegenstand dieser Studie sind ausschließlich NLP-Techniken, die als Wirkungsrahmen den zwischenmenschlichen Dialog haben und keine therapeutische Zielsetzung genießen. Bei der Anwendung von NLP geht man davon aus, dass sämtliche Wahrnehmungen bereits bei der Aufnahme der jeweiligen Information als subjektiv zu deuten sind. Der Mensch wird als ein eigenständig denkendes und handelndes Wesen gesehen, welches sich bei der Aufnahme und anschließenden Auswertung von Informationen auf seine eigenen abgespeicherten Erfahrungen und Programmierungen beruft. Iwan Pawlow schrieb in seinem Buch „Auseinandersetzungen mit der Psychologie", dass Verhaltensformen auf bestimmte Reize in unserem Gehirn gespeichert werden und als die Reaktionen bei entsprechenden und auch bei ähnlichen Reizen gleich bleiben (vgl. Pawlow, 1973).

Neue Informationen werden nicht detailliert neu analysiert, sondern mit bereits gespeicherten, älteren Informationen und den damit verbundenen Gefühlen, verglichen. Ein isoliertes und objektives Betrachten von Informationen ist somit zunächst nicht möglich. Menschen erstellen sich aus ihrer individuellen, subjektiven Wahrnehmung eine persönliche „objektive Realität". Dies geschieht unbewusst über die Abspeicherung von Geschehnissen und den damit gekoppelten Emotionen. Eine „objektive Realität" bleibt somit immer subjektiv. Innerhalb dieses Modells treffen sie fortlaufend neue Entscheidungen, die unbewusst stets den größten Vorteil für das Individuum im geschaffenen System darstellen. Demzufolge werden bestimmte Vorgehensweisen nicht als negative Handlungen angesehen, sondern als persönliche Notwendigkeit verstanden, um in dem geschaffenen Rahmen zu überleben. Aufgrund dieser profunden Selbstprogrammierung der wahrgenommenen Realität geht man davon aus, dass Veränderungsprozesse nur von dem Individuum selber vorgenommen werden können.

Der Anwender von NLP-Methoden arbeitet mit diesem Wissen und hat als Ziel, den Gesprächspartner über die Benutzung von spezifischen Kommunikationsmethoden so zu konditionieren, dass die Informationen des Senders inhaltlich von dem Empfänger so wahrgenommen werden, wie sie von dem Sender gedacht waren. Aufschluss über die Konditionierungsmethoden werden unter Punkt 2 gegeben.

Diese Studie soll dementsprechend Aufschluss darüber geben, ob sich kommunikative NLP-Techniken optimierend auf eine zwischenmenschliche Gesprächsführung auswirken und ob die Integrierung dieser Methoden in das Mediationsverfahren sinnvoll sind.

2 Theoretische Grundlagen

2.1 Der Konflikt

In diesem Teil der Thesis werden die drei Eckpfeiler behandelt. Zunächst wird dargestellt, was man unter einem Konflikt versteht, wie dieser aufgebaut ist, wie man mit einem Konflikt umgeht und was er für den involvierten Personenkreis bedeutet. Der Fokus ist vorab auf den Begriff des Konfliktes gerichtet, da dieser das Fundament für anhängige oder aufbauende Methoden wie z.B. Mediation und NLP ist. Die Analyse des Kernproblems ermöglicht einen leichteren Einstieg in die Arbeit mit den Methodensammlungen und lässt später ein besseres Verständnis in den Anwendungsfeldern zu. Dabei halte ich mich vor allem an die Literaturquellen: Apfelbaum, E. (1974) On Conflicts and Bargaining. Advances in Experimental Social Psychology 7, 103 – 156, Coser, L. (1956) The Functions of Social Conflict. Illinois: The Free Press, Deutsch, M. (1973) The Resolution of Conflict. New Haven: Yale University Press.

2.1.1 Der Kernkonflikt und das weitere Vorgehen

Ein Konflikt kann als eine einzigartige Situation betrachtet werden, die ihre individuelle Formung und Besonderheit durch ihre Bestandteile erhält. Ein geschulter Konfliktberater kann anhand verschiedener Verfahrenstechniken entscheidende Verflechtungen von Bestandteilen, z.B. teilhabende Personen oder soziales bzw. professionelles Umfeld, herausarbeiten (vgl. Deutsch, 1973). Um möglichst effektiv an dem Konflikt arbeiten zu können, muss das Kernproblem gefunden und isoliert bearbeitet werden.

Die Ursachen von Konflikten bzw. die internen Kernkonflikte wirken oft verdeckt oder haben mit dem externen Konflikt auf den ersten Blick nichts zu tun. Liegt der Kernkonflikt als Arbeitsgrundlage vor, muss der äußerliche Verhaltensrahmen während des Verfahrens strikt beibehalten werden. Dieser Teil ist entscheidend, weil der Mediator sowie die Medianten beginnen, einen Konflikt aufzubrechen und analytisch tätig zu werden. Nur der sichere Rahmen der Verhaltensregeln ermöglicht ein konzentriertes und respektvolles Arbeiten. Besteht eine grundsätzliche Akzeptanz zwischen den Konfliktpartnern, so kann davon ausgegangen werden, dass die Parteien ergebnisorientiert arbeiten und handeln. Wird die entgegengesetzte Partei oder der Mediator nicht respektiert, findet das Verwerfen des Regelwerkes statt. Dem Verfahren droht, meiner praktischen Erfahrung nach, aufgrund des destruktiven Charakters der Teilnehmer ein frühes Ende.

2.1.2 Der Konflikt als Motor für Veränderungen

Gesellschaftlich gesehen, hat ein Konflikt herkömmlicher Weise negative, unangenehme und destruktive Eigenschaften. Neuerdings betrachtet die Sozialforschung den Konflikt jedoch als das genaue Gegenteil. Es wird davon ausgegangen, dass sich Konflikte im sozialen Miteinander von Menschen generell nicht vermeiden lassen und sogar ein notwendiger grundlegender Motor für Veränderungen sind (vgl. Touraine, 1973). Von dem elementaren Freisetzen von Energien abgesehen, eröffnet sie im Rahmen einer kommunikativen Konfliktbearbeitung die Möglichkeit, den persönlichen Standpunkt darzustellen und den Standpunkt sowie die Bedürfnisse des Konfliktpartners zu verstehen. Der Mediator übernimmt dabei die Aufgabe, unter Anwendung seiner Methoden, den Medianten die Möglichkeit zu geben, den Konflikt als Veränderungsprozess wahrzunehmen. Die gegenwärtige Persönlichkeit eines Menschens wird durch seine persönliche lebenslange Konfliktbewältigung geformt und ist somit, nicht passiv über externe Einflüsse entstanden, sondern wurde durch interne Prozesse, die durch externe Reize entstanden sind, von der Person aktiv erarbeitet. Der Volksmund sagt dazu, dass der Mensch die Summe seiner Erfahrungen ist. Ausschlaggebend für das psychologische Profil der Person ist, wann und zu welchen Themen Konflikte auftraten und wie diese be- bzw. verarbeitet wurden.

Soziale Konflikte beispielsweise, bei denen zwei Parteien aufeinander treffen, haben oft einen konkurrierenden Hintergrund. Hier werden persönliche Ansichten, Vorstellungen und Ziele vertreten und verfolgt. Es wird versucht, den Konflikt positiv für sich zu entscheiden und somit sämtliche Standpunkte des Anderen in den Hintergrund zu schieben. Konflikte sind in ihrer Eigenart weder räumlich noch zeitlich begrenzt und erhalten durch folgende Besonderheiten eine individuelle Ausrichtung:

a) Charaktere der Konfliktpartner,

b) Gemütszustände und Emotionen während des Aufeinandertreffens,

c) Ausdrucksformen, Darstellungsarten, Benehmen zur Zeit der Konfliktbearbeitung,

d) Wahrnehmung sämtlicher Umstände und Informationen.

Konflikte haben einen rationalen und emotionalen Bestandteil. Beide bilden den Konflikt und benötigen in dem Aufarbeitungsprozess des Sachverhaltes die gleiche Aufmerksamkeit des Mediators. Die positive Eigenschaft eines Konfliktes ist die Tatsache, dass jemand mit sich selber, einer anderen Person, einem Umstand oder einem Sachverhalt nicht übereinstimmt und somit der Anstoß für eine Veränderung bzw. für einen Fortschritt gegeben ist. Obwohl ein Konflikt so individuell wie seine Konfliktpartner ist und sich die Persönlichkeit des Beteiligten in der Eigenschaft, in der Struktur und in dem Verlauf des Konfliktes wiederspiegelt, ist es die Aufgabe des Mediators, dem Konflikt einen strukturierten positiven Verlauf zu geben, damit zum Schluss der Aufarbeitung ein beidsteiger positiver Mehrwert entsteht (vgl. Erdmann, 2008).

2.1.3 Konfliktanalyse als Bestandteil der beratenden Tätigkeit

Der Mediator führt anhand des Phasenmodells der Mediation eine Konfliktanalyse durch, bei der die Hinterfragung der Bedürfnisse eine Art Schlüsselposition einnimmt. An diesem Punkt wird klar, dass Konflikte generell sehr viel größer und tiefgehender sind als ihr äußerliches Erscheinungsbild. Aufgrund der Tatsache, dass jede Konfliktpartei eine eigene Lebensgeschichte, eine individuelle Programmierung und einen persönlichen Handlungsantrieb hat (s.o.), und diese Bauteile dem Konfliktpartner, dem Mediator und oft der Person selber nicht bekannt oder bewusst sind, schlagen die Lösungsprozesse häufig unerwartete Wege ein. Jedem externen Konflikt geht eine interne Auseinandersetzung voraus.

Unterteilt man Konflikte, so gibt es heiße, kalte und heiß-kalt gemischte. Heiße Konflikte stellen sich laut und emotional dar und haben ihren Ursprung im zwischenmenschlichen Bereich. Kalte Konflikte basieren eher auf sachlichen und wirtschaftlichen Zusammenhängen und sind ruhiger Natur. Eine Mischung dieser beiden Bestandteile tritt z.B. bei Scheidungen auf. In diesem Kontext geht es um emotionales Verständnis sowie um materielle Teilung. Die Analyse des Konfliktes und seine Zuordnung ist ein wichtiger Schritt, gemäß welchem der Mediator seine Handlungsstrategie anpasst.

Ana Maria Ruiz Abascal sagt in diesem Zusammenhang, dass es vier verschiedene Gebiete gibt, in denen Konflikte vorkommen:

- Sachliche Bereiche

- Persönliche Bereiche

- Konflikte über einen Konflikt

- Konflikte bezüglich der Lösung eines Konfliktes

2.1.4 Der Umgang mit einem Konflikt

Da der Konflikt fester Bestandteil unseres Lebens ist, haben sich mit der Zeit verschiedene Strategien für den Umgang mit einem solchen entwickelt. Bewusst oder unbewusst wählt der Mensch immer für sich selber den besten Ausweg und sucht eine Lösung, durch welche er seine eignen Bedürfnisse sowie seinen persönlichen Standpunkt schützt. Die Motivation für dieses Handeln ist stets das erfolgreiche Bewältigen der vorliegenden Situation. Die vier folgenden Typen von menschlichen Charakteren zeigen bestimmte Verhaltensstrukturen auf (vgl. Erdmann, 2007).

a)   *Der Ankläger*, er weist die Verantwortung sofort einer anderen Person zu und erabeitet sich somit einen freien Raum.

b)   *Der Demütige*, er analysiert die Situation, verwirft jedoch seinen eignen Standpunkt und ordnet sich einer externen Meinung unter.

c)   *Der Rationalisierer*, er analysiert die Situation und weist weder eine Schuld zu, noch übernimmt er sie.

d)   *Der Verwirrer,* er lenkt von seiner Person ab, indem er inhaltlich verwirrende Angaben macht, andere und ihre Leistungen in Frage stellt und allgemeingültige Ansichten hinterfragt.

2.1.5 Auswirkung menschlicher Eigenschaften auf den Konflikt

Aggressivität ist eine Art der internen Reaktion eines Individuums auf einen externen Umstand. Um der Dynamik der Aggressivität nachzugehen, ist es für die emotional aufgebrachte Person wichtig, diese Energie freizusetzen. Freud war der Meinung, dass psychische Energie, zum Wohl des Individuums, freigesetzt werden muss. Seien diese Freisetzungsprozesse nun positiv / konstruktiv oder negativ / destruktiv, ihre Umsetzung ist für den Verstand und für den Körper elementar. Auf diese Weise wird ein individueller Weg beschritten, um mit der speziellen Situation umzugehen. Einem Aggressor stehen für die Kanalisierung seiner Energien, drei Möglichkeiten zur Auswahl:

a)   er gibt sich selber die Schuld für den bestehenden Umstand

b)   er beschuldigt den Auslöser seiner Frustration

c)   er ernennt eine verantwortliche Person und beschuldigt diese.

Wenn der Aggressivität kein Platz zur externen Freisetzung eingeräumt wird, entsteht in der Regel ein destruktives, irrationales Verhaltensmuster. In diesem Fall zeigen sich zwei Möglichkeiten:

a)   man lebt mit dem unbefriedigten Drang nach direkter Kanalisierung,

b)   man überträgt die eigene Frustration wahllos auf andere Personen.

Eine weitere Eigenschaft des Menschens, die ebenso Einfluss auf das Entstehen und auf den Verlauf eines Konfliktes hat, ist die Angst. Diese wird als ein interner Zustand der Anspannung gedeutet, welcher sich auf die konkrete Wahrnehmung oder auf die bloße Vermutung einer bestehenden oder auch zukünftigen Gefahr bezieht. Während des Eröffnungsprozesses eines Mediationsverfahrens befinden sich die Konfliktparteien häufig in einem angespannten Zustand, da der eigentliche Ausgang der Mediation noch unklar ist. Gegenüber den eignen Zielen bestehen zu diesem Zeitpunkt Verlustängste. Dieser Zustand kann sich auf diverse Ansichten ausweiten, so dass man der gegnerischen Partei ein nicht-kooperatives Verhalten unterstellt, befürchtet die eigenen Interessen in der Vereinbarung nicht wiederzufinden oder man den Konfliktpartner als alleinigen Gewinner sieht. Diese Angstzustände können Verhärtungen der persönlichen Ansichten verursachen und den Mediationsprozess blockieren. Über diese gefühlte Angst drückt der Mensch seinen Wunsch nach Sicherheit aus.

Das laufende Verfahren, mit dem noch zu formenden Schluss, stellt somit einen Unsicherheitsfaktor dar. Blockaden erzeugen dabei wiederum überschaubare Einwürfe, die allein von dem Verursacher kontrollierbar sind. Auf diese Weise übernimmt der blockierende Mediant zeitweise die Leitung des Verfahrens.

2.1.6 Konfliktverhalten und soziale Systeme

Gesellschaftliche Strukturen formen und beeinträchtigen auf eine kollektive Art die kulturelle und soziale Ausprägung oder Programmierung eines jeden Menschen. Die Gesellschaft, als bestehender Funktionalismus, bildet einen Zusammenschluss von voneinander abhängigen Individuen mit jeweils spezifischen Aufgaben. Auf diesem Weg entsteht ein soziales System bzw. eine Gesellschaft. Damit die Gesellschaft als Ganzes funktioniert, formen sich die Aufgaben der einzelnen Personen um in Erwartungen, die die Gesellschaft reflektiv an das Individuum stellt.

Die Angehörigen eines sozialen Systems emergieren zu der entsprechenden Gesellschaft. Die gesellschaftlichen Regeln und Gesetze, welche von den Mitgliedern des Systems allgemeingültig formuliert und akzeptiert wurden, sind verpflichtend für die angesprochene Masse von Personen. Diese müssen wiederum in ihren Positionen, Rollen und Aufgaben spezifische Tätigkeiten und Erwartungen erfüllen. Auf diese Weise sind sie in dem, von ihnen geschaffenen, Handlungsrahmen tätig und legen somit auch die sozio-kulturelle Programmierung der kommenden Generationen fest. Verhaltensformen, die das bestehende Konstrukt in Frage stellen, werden als Abnormalität angesehen. Fälschlicher Weise werden diese sozio-kulturellen Konflikte nicht von der Gesellschaft ausreichend hinterfragt. Gesellschaftlich wird schnell eine fehlende Erziehung als ausschlaggebender Faktor herangezogen. Kritische Personen oder gar Sozialarbeiter sehen den persönlichen Konflikt als Resultat eines internen Interessenkampfes an. Die Gesellschaft steht ebenso im Handlungszwang wie die betroffene Einzelperson oder Gruppe. Alle betroffenen entwickeln Strategien, um mit der bestehenden Situation bestmöglich umzugehen und die jeweiligen Ziele bzw. Vorgaben zu erreichen. Die zu einer Gesellschaft emergierte Masse ist auf ein einheitliches Beachten und Folgen des inkraftgesetzten Regelwerkes angewiesen. Daher besteht gegenüber Personen oder Gruppen, die dieser Norm nicht entsprechen, keine Toleranz. Es wird hierbei der grundlegende menschliche Wunsch verkannt, die eigene Individualität und Ideenwelt auszuleben und sich zu realisieren. Die kollektive Beeinträchtigung durch die geduldete gesellschaftliche Struktur räumt der Individualität des Einzelnen keinen Platz ein. Auf diese Art und Weise wird die stattfindende kollektive Manipulation von manchen Menschen individuell aufgenommen und verarbeitet. Bei Abweichung der Ansichten wird eine Strategie des Widerstand konstruiert.

Der Konflikt ist eine natürliche Begleiterscheinung dieses gesellschaftlichen Phänomens. Wird die Hinterfragung des bestehenden Systems positiv aufgenommen und ein möglicher nachhaltiger gesellschaftlicher Nutzen unterstellt, so kann aus dem entstandenen Konflikt ein Mehrwert für die Gemeinschaft entstehen und die motivierende Gruppierung in die Gesellschaft als wertvoller Bestandteil reintegriert werden. Eine solche Handhabung von Konflikten stellt die Möglichkeit der Überarbeitung alter Strukturen und Werte sowie die Erarbeitung neuer sozialer Gefüge dar (vgl. Coser, 1956). Wird solchen Strömungen nicht nachgegangen und finden sie keine gesellschaftliche Beachtung, besteht die Möglichkeit, dass eine Art von

Frustration entsteht und sich diese auf eine aggressive bzw. destruktive Weise äußert. Wird ein Konflikt als positive Chance gesehen, ist ein aufeinander Zugehen der Beteiligten möglich oder gar zwingend. Für die Stabilität eines sozialen Systems wird ein gewisses Maß an Intoleranz benötigt, um einen sicheren Handlungsrahmen herzustellen. Wissenschaftlich steht die Gesellschaft jedoch in einem kontrollierten Konflikt im Bereich der Aufarbeitung der Historie, der Integration von Forschungsergebnissen in die Gegenwart und somit aktive Gestaltung der Zukunft. Die Arbeit mit dem Konflikt ist daher ein kreativer Vorgang und der antreibende Motor für alle Veränderungen (vgl. Coser, 1956).

2.1.7 Der Konflikt als Resultat sozialer Machtverhältnisse

Ein geordnetes gesellschaftliches Zusammenleben ist durch Hierarchien zwischen den involvierten Personen gekennzeichnet, die wiederum Bestandteil des geschaffenen Regelwerkes sind. Diese zwischenmenschlichen Bezüge stellen Machtverhältnisse dar, die als Bindeglieder zwischen den Menschen auftreten. Diese Machtverhältnisse erzeugen nicht nur Strukturen, sondern auch Spannungsfelder. Wie diese Spannungsfelder bzw. die künstlich erstellten Hierarchien sich auf das soziale Miteinander auswirken und wie aus diesen Konstrukten später Konflikte entstehen können, zeigt die folgende Aufzählung. Ana Maria Ruiz Abascal beschreibt in ihrem Werk: „Alternativa constructiva – El Proceso de la Mediación" fünf verschiedene soziale Strukturen, in denen eine Person A, auf eine spezifische Art, gegenüber einer Person B Macht hat oder Druck ausüben kann:

a) Macht der Kontrolle:

A übt bezüglich B eine dauerhafte Kontrollfunktion aus. B kann somit einem Tadel oder einer Strafe nicht entgehen.

b) Macht der Belohnung:

A befindet sich in der Position Belohnungen gegenüber B zu erlassen oder einzubehalten. B strebt entsprechend die Stellung von A an, um ebenso mächtig zu sein oder er sieht sich im Handlungszwang, um die Gratifikation zu erhalten.

3) Macht des Vertrages:

Durch einen Vertragsabschluss erklärt sich B einverstanden, dass A über ihn, im Rahmen einer Hierarchie, Macht ausübt und dass es ein entsprechendes Autoritätsgefälle gibt.

4) Macht durch persönliche Bindung:

Liegt bei A und B ein Verwandtschaftsgrad oder eine Freundschaft vor, kann B durch A manipuliert werden bzw. befindet sich A aufgrund der privaten Beziehung in einer sichren Position.

5) Macht des Wettbewerbes:

Wurde A eine spezielle Information mitgeteilt, welche für B relevant ist, ihm jedoch vorenthalten wurde, befindet sich B in Abhängigkeit zu A.

Die Vielzahl von Beziehungsformen, bei denen als Bindeglied eine Art von Macht vorliegt, ist noch weitaus umfangreicher. Für die Arbeit mit Konflikten ist es entscheidend zu wissen, dass das Involviertsein in ein Machtgefüge einen Stressfaktor darstellt und häufig einen Konflikt auslöst. Für den Mediator bedeutet das, dass eine Beziehungsanalyse der Medianten ein Hinweis bezüglich möglicher Lösungsstrategien geben kann. Der persönliche Standpunkt sowie die daraus entstehenden Erwartungen und Ansprüche sind von der Machtverteilung abhängig. Sind A und B gleichgestellt, nimmt der Konflikt einen ebenso anderen Lauf, wie wenn A und B sich gegen C verbünden oder wenn A und B im Konflikt stehen und von C kontrolliert werden. Werden bei gleichgestellten beteiligten eher Drohungen ausgesprochen, so geht es bei Machtgefällen darum, ein Gleichgewicht herzustellen (vgl. Apfelbaum, 1974). Bei einer Konfliktbeteiligung von mehr als zwei Parteien kommt es häufig zu Koalitionsbildungen und somit zu einer Neuverteilung des Machtverhältnisses. Bei der Bildung einer Koalition treten die Parteien von ihren unterschiedlichen Sichtweisen zurück, um gemeinsam gegen den Dritten anzutreten. Solche Koalitionen sind zeitlich gebunden und lösen sich auf, sobald kein weiterer Nutzen besteht. Die einzelnen ursprünglichen Identitäten werden nun wieder angenommen.

2.1.8 Das Konfliktklima

Unter Konfliktklima versteht man die Verhandlungsebene und den grundlegenden Umgang bzw. die Verhandlungmotivation (vgl. Lewin, 1948). Das besondere Augenmerk ist dabei auf das Verhalten und die

Wahrnehmung der einzelnen Konfliktparteien gerichtet. In einem kooperativen Klima arbeiten die Konfliktparteien zusammen, unterstützen die gemeinsamen Interessen, vertrauen sich gegenseitig persönliche Sachverhalte an und behandeln einander offen und respektvoll (vgl. Lewin, 1948). In einem konkurrierenden Klima konzentrieren sich die Konfliktparteien auf die gegnerischen Interessen und versuchen, den Kontrahenten unter Druck zu setzen. Ihre persönlichen Streitpunkte werden durch eine übertriebene Ausbreitung und Profundisierung geschützt. Von dem eigentlichen Einigungswillen und dem Wunsch der Konfliktanalyse wird zu diesem Zeitpunkt kurzzeitig abgesehen. Man hält am eignen Standpunkt fest. Kommuniziert wird stark limitiert und daher sehr missverständlich. Die angespannten Umgangsformen spiegeln die schwierige Stelle im Lösungsprozess wieder und definieren so das Konfliktklima. Auf diesem Wege wird der Konflikt ausschließlich verhärtet. Die Medianten schützen sich durch eine solche Verhandlungsblockade und schaffen somit einen überschaubaren und stark eingeschränkten Verfahrensrahmen.

Die interne Auseinandersetzung mit dem Konfliktgegenstand ist stark emotional beeinträchtigt. Die Konfliktpartner befinden sich erneut auf der Gefühlsebene der Konfliktbetroffenheit. Rein sachlich unterscheidet man in einen emotionalen / heißen oder in einen rationalen / kalten Streit (vgl. Thiel, 2003). Um die Medianten auf das Lösungslevel zurückzuführen und um sie entsprechend verbal zu konditionieren, ist es entscheidend herauszufinden, welche Eigenschaft dem ursprünglichen Konflikt und der Rolle des jeweiligen Medianten zuzuordnen war. Meiner Ansicht nach, ist das Erkennen des Konfliktklimas und das entsprechende Aufbauen eines lösungsorientierten Verhandlungsklimas, eine fundamentale Aufgabe des Mediators.

2.1.9 Konstruktive und destruktive Konflikte

Auch wenn die nachhaltig wirkenden Veränderungsmöglichkeiten aufgrund eines Konfliktes auf einen neuerdings positiven Grundgedanken schließen lässst, fühlt sich das beteiligte Individuum während der Austragung oder der Aufarbeitung des Konfliktes dennoch oft niedergeschlagen, kraftlos und deprimiert. Das ist, meiner Erfahrung nach, auf folgende Umständezurückzuführen:

1)   Das Konkurrenzverhalten der Streitenden radikalisiert sie intern und führt zu stark subjektiven Ansichten.

2)   Die Verzerrung der persönlichen und fremden Wahrnehmung erstellt ein negatives Gefühlsbild.

3)   Die Verminderung der Kommunikation, hin zur Verfahrens blockade und weg von der eigentlichen Schlüsselfunktion für die Konfliktbewältigung.

4)   Das Verschmelzen sämtlicher Probleme zu einem so kompakten Konstrukt, dass der Konfliktursprung niemandem mehr bekannt ist.

5)   Krampfartig eingegangene Kompromisse, die in Wirklichkeit ein noch starrsinnigeres und irrationales Bestehen auf der eigenen Position nach sich ziehen.

6)   Das Ausweiten und Vertiefen der unterschiedlichen Ansichten und die Minimalisierung der Gemeinsamkeiten.

2.1.10 Aktionsrahmen von Konflikten

In der Mediation unterscheidet man das Umfeld, in dem ein Konflikt stattfinden kann, folgender Maßen. Es gibt daher Konflikte:

a) zwischen einzelnen Person,
b) zwischen Gruppen und
c) innerhalb von Gruppen.

Die somit dargestellte Konfliktebene stellt den Handlungsrahmen bzw. den Wirkungskreis einer Auseinandersetzung dar. Alle drei Ebenen können unabhängig von einander existieren. Für ihre Bewältigung benötigen sie alle die gleiche Aufmerksamkeit und verdienen oder beanspruchen das gleiche Maß an Arbeitsintensität. Der komplexeste Konflikt, neben dem herkömmlichen Beziehungsgefecht, ist der internationale Disput. Dieser schließt meistens zwei oder mehrere Gruppen, die Thematik des heißen – kalten oder gemischten Konfliktes sowie interkulturelle Strukturen ein. Was alle drei Konfliktgebiete miteinander verbindet, ist der gemeinsame Ausgangspunkt. Die grundlegende Position ist die Vertretung der eigenen Interessen. Diese

Position löst bei der jeweilig beteiligten Kommunikationspartei eine entscheidende Reaktion aus. Es wird beschlossen, dass man Teil des Sachverhaltes werden möchte und sich zur Konfliktpartei umwandelt.

2.1.11 Der Umgang mit der Komplexität eines Konfliktes

Die Lösung eines Konfliktes ist nur selten eine simple Angelegenheit. Häufig ist der genannte Konflikt ein komplexes Konstrukt von verschiedenen ineinander verwickelten Subkonflikten, die den Zugang zu dem Hauptkonflikt versperren oder nicht direkt erkennen lassen. Aufgrund des Umfangs, den ein Konflikt annehmen kann, haben sich verschiedene Strategien entwickelt, welche die betroffene Partei, gemäß des eigenen Anspruches, in eine vorteilhafte Position bringen sollen. Ausschlaggebend für diese Konzepte ist die Unfähigkeit der Konfliktreflektion und das Erkennen der tatsächlichen Konfliktstruktur. Ist diese Struktur nicht mehr klar erkennbar, so sind ebenso die Grundbedürfnisse im Unklaren, welche ursprünglich einen entscheidenen Beitrag zur Aufnahme des Konfliktes geleistet haben. Die folgenden sechs Umgangsformen stellen mögliche Reaktionen auf einen komplexen Konflikt dar. Diese werden stark von der Persönlichkeit des Beteiligten geprägt. Die Auswahl eines Lösungsschemas findet bewusst oder unbewusst statt.

a)   Ein dominantes Verhalten stellt den Versuch dar, den eigenen Willen oder die eigenen Interessen auch irrationell durchzusetzen.

b)   Ein unterordnendes Verhalten bzw. eine Kapitulation bedeutet in diesem Rahmen, dass dem Kontrahenten der Vortritt gelassen wird.

c)   Ein defensives Verhalten wird durch einen Rückzug und damit die Vermeidung einer Auseinandersetzung dargestellt.

d)   Ein passives Verhalten wird durch Untätigkeit dargestellt und schildert die Hoffnung, dass die verstreichende Zeit die Wogen wieder glättet.

e)   Ein diplomatisches Verhalten wird durch den Verhandlungswillen offenbart und zielt auf die Einigung durch eine Gesprächsführung zwischen den Konfliktparteien ab (vgl. Blake, R., Mouton, J., 1964).

f)   Eine mediative Einstellung wird durch die Beauftragung eines neutralen Dritten gezeigt, der intervenierend zum Einigungsprozess beitragen soll.

2.1.12 Nachhaltige Beilegung des Konfliktes

Grundsätzlich wird zwischen einer tatsächlichen Lösung und einem simplen Kompromiss unterschieden. Ein Kompromiss ist ein Lösungsversuch, der die eigenen Interessen nur anteilig beinhaltet und zur allgemeinen Zufriedenheit einen gewissen Bestandteil von Verpflichtungen für beide Konfliktparteien mitsichbringt. Eigenverantwortlich vereinbarte und selbst modulierte Lösungen tragen sich dagegen durch ihr inhaltliches Selbstverständnis. In einer konstruktiven und respektvollen Aufarbeitung eines Sachverhaltes und dem Nachkommen der einzelnen Positionen bleibt kein Platz für Obligationen, welche nachhaltige Belastungen für die involvierten Individuen darstellen. Gemeinsam wird an der Konstruktion eines neuen Handlungsleitfadens gearbeitet. Dieser definiert die einzelnen Ansichten und Handlungsweisen neu.

2.1.13 Interessensicherung durch die Bedienung von Bedürfnissen

Ein häufiger Grund für die Entstehung von Konflikten ist die Ablehnung oder Ignoranz von Bedürfnissen. Dieses Ablehnen von Bedürfnissen würde, nach Freud, einer Nichtfreisetzung von Energien gleichkommen und somit interne Blockaden aufbauen. Inhaltlich können diese Konflikte menschlicher, wirtschaftlicher oder sozialer Natur sein. Die tatsächliche Lösung des individuellen Konfliktes kann demnach nur in der Befriedigung dieser spezifischen Bedürfnisse liegen. Man unterscheidet in drei existenzielle Bestandteile des menschlichen Daseins:

a)   Es gibt Bedürfnisse, die einen universellen Charakter haben, die für alle Menschen gelten und denen, für die Sicherung eines gesunden Fortbestandes, nachgegangen werden muss. Von ihrer Befriedigung hängt die nachhaltige Entwicklung des Wesens bzw. der Gesellschaft ab.

b)   Desweiteren treten Werte auf, die einen kulturellen oder ethischen Ursprung haben und mit einem Bedürfnis direkt verbunden sind.

c)   Schließlich treten Interessen auf, die weder universell gelten noch ein permanentes Dasein führen. Sie sind an bestimmte Zusammenhänge und Umstände gebunden.

Kommt es bei einer Auseinandersetzung, bezüglich verkannter Interessen, zu einem herkömmlichen Disput oder allgemeinen Wortgefecht, so handelt es sich um ein oberflächliches Aufeinandertreffen von Ansichten, deren Austragung nicht direkt als Konflikt anzusehen ist. Es werden hierbei keine Bedürfnisse verkannt oder persönliche Standpunkte angegriffen. Die Beteiligten können aufgrund der geringen Komplexität eigenständig eine Lösung finden. Ein Konflikt geht in seiner Struktur sehr viel tiefer. Hierbei werden allgemeine Werte und / oder Bedürfnisse angegriffen. Mit der zunächst simplen Akzeptanz der Bedürfnisse kann dieser Schritt jedoch vermieden werden. Dem Konfliktpartner wird somit ein Raum für seine individuelle Existenz zugesichert. Er fühlt sich folglich mit seinen Bedürfnissen respektiert. Durch diese Akzeptanz kann sich ein Verhandlungs- und Einigungswille bei dem Betroffenen einstellen. Die Angst, während der Vereinbarungsfindung von seinem Standpunkt abweichen zu müssen, schwindet generell. Komplizierter stellt sich der Sachverhalt dar, wenn der Grund eines Konfliktes das Zusammenspiel von mehreren verkannten Bedürfnissen, Werten und Interessen ist. Hier muss zunächst der Kernkonkflikt isoliert werden. Zur weiteren Differenzierung unterschiedet man in *direkte Konflikte*, bei denen die Beteiligten ihr Vorgehen und die eigentliche Auseinandersetzung planen, und in *strukturelle Konflikte*, bei denen die Ursachen unbewusst in den sozialen Strukturen der Konfliktparteien liegen (Zülsdorf, 2007).

2.2 Die Grundlagen der Mediation

Mediation ist ein freiwilliges Verfahren zur konstruktiven Beilegung eines Konfliktes oder dessen Vorbeugung. Die Konfliktpartner (Medianten) wollen unter Anleitung einer allparteilichen Person zu einer einvernehmlichen Vereinbarung gelangen. Diese Vereinbarung wird von den Medianten eigenverantwortlich erstellt und formuliert. Von dem Mediator werden generell keine Entscheidungen getroffen, keine Empfehlungen ausgesprochen und keine Vorschläge für eine mögliche Konfliktregelungen unterbreitet. Dr. Thomas R. Henschel schildert den Sachverhalt ähnlich: „Mediation ist ein außergerichtliches Konfliktbeilegungsverfahren, in dem ein neutraler Dritter, ohne inhaltliche Entscheidungsbefugnis (der Mediator, die Mediatorin), die Konfliktparteien darin unterstützt, eigenverantwortlich (je nach Ziel auch) rechtsverbindliche Regelungen zu entwickeln." (Henschel, 2006, S. 1). Die Zielsetzung der Mediation ist es, einen Raum für das Verständnis des Anderen und eine entsprechende nachhaltig wirkende Einigung zu schaffen. Bearbeitet wird nicht nur der momentane Zustand des Konfliktes, sondern es werden vielmehr die Bedürfnisse hinter der individuellen Position freigelegt, dargestellt und analysiert. In einem Mediationsverfahren werden die Positionen der Beteiligten weder beurteilt noch kritisiert. Sie sind wichtige Bestandteile des Verfahrens und werden somit als existenzielle Notwendigkeiten der Medianten akzeptiert. Der leitende Mediator ist nicht für den Inhalt der Abschlussvereinbarung verantwortlich. Achten muss er jedoch darauf, dass die Einigung keine Rechtswidrigkeiten enthält. Zur inhaltlichen Überprüfung der Vereinbarung sollte ein Rechtsbeistand zu der Verhandlung eingeladen werden. Der Mediator selber darf keine Rechtsberatung durchführen. Mediation in ihrem heutigen Rahmen stellt ein Zusammenspiel von verschiedenen Verfahrensbestandteilen dar. Grundsätzlich ist sie als außergerichtliches Konfliktregelungsprogramm zu identifizieren. Die Wurzeln bzw. die Besandteile der Mediation, wie sie heutzutage Verstanden wird, können in Ansätzen der Konflikt- und Verhandlungsforschung, der psychologischen Problemerörterung, verschiedene Therapieformen sowie weitere Bestandteile der Kommunikationswissenschaften gefunden werden. „Die gegenwärtigen Grundlagen der Mediation haben interdisziplinäre Hintergründe" (Erdmann, 2008, S. 40). Für die Inhalte der auszu- bzw. ausgearbeiteten Vereinbarung haftet der Mediator nicht. Diese wird in Eigenverantwortlichkeit beider Medianten erstellt und mit beider Namen unterzeichnet. Die Vereinbarung gilt als eine rechtsverbindliche Entscheidung und ist als privatrechtlicher Vertrag anzusehen.

2.2.1 Der Weg der Vereinbarungsfindung

Meiner Ansicht nach ist das Ziel eines Mediationsverfahrens die Neustrukturierung eines Konfliktumstandes. Das Verfahrensmodell beinhaltet eine strukturierte Aufdeckung von Konflikthintergründen und die profunde Darstellung der persönlichen Position. Durch die individuelle Schilderung des Sachverhaltes durch die Medianten sowie durch das gezielte Hinterfragen von Seiten des Mediators, werden die persönlichen Bedürfnisse freigelegt. Diese bahnen den Weg zum Erkennen und Freilegen des Kernkonfliktes, welcher für die Ausarbeitung einer zufriedenstellenden Vereinbarung der wichtigste Bestandteil ist. Ein Mediationsverfahren ist durch die Tatsache, dass eine Konfliktlösung erarbeitet wird, welche Handlundsvorgaben beinhaltet, eine zukunftsweisende Maßnahme. Persönliche Schuldanteile werden hierbei nicht diskutiert. Diese Handlung käme einer Wertung gleich. Der Mediator würde somit seine neutrale Position verlassen und inhaltlichen Einfluss auf das Verfahren nehmen. Die Entstehung des Konfliktes, seine Eskalation und die individuellen Beiträge bei seiner Entstehung gehören zwar der Vergangenheit an, sind aber für den Aufarbeitungsprozess und für das Konfliktverständnis entscheidende Schlüsselpositionen. Sein besonderes gestalterisches Gesicht erhält das Verfahren durch den Bezug auf alle drei Zeitzonen. In der Gegenwart wird die Vergangenheit aufgearbeitet und erhält durch die momentane Konfliktbearbeitung und die angestrebte Vereinbarung eine zukunftsorientierte Wirksamkeit.

2.2.2 Einsatzgebiete der Mediation

Von den tatsächlichen historischen Wurzeln der Mediation abgesehen, entwickelte sich ein modernes Verfahren des Konfliktmanagements. Heutzutage wird Mediation in den unterschiedlichsten Bereichen angewendet und hat sich als Instrument zur friedlichen Beilegung von Konflikten durchgesetzt. Besonders hilfreich erwies sich dabei die

Anpassungsfähigkeit des Phasenmodells an die entsprechende Konfliktsituation. Diese Wandlungen verhalfen der Mediation ihren Platz an vielen Stellen unseres sozialen Lebens zu finden. Folgend sind die häufigsten Einsatzgebiete der Mediation aufgelistet, wie sie von Mediatoren als Dienstleistung auf dem freien Markt angeboten werden:

- Scheidungsmediation

- Schulmediation

- Wirtschaftsmediation

- Umweltmediation

- Interkulturelle Mediation

- Familienmediation

- Erbmediation

- Unternehmensmediation

- Arbeitsplatzmediation

- Nachbarschaftsmediation

- Täter-Opfer-Ausgleich

2.2.3 Die Erfolgsmethode

Mediation ist ein Zusammenschluss von diversen Problemlösungsanwendungen, dessen interdisziplärer Hintergrund bereits behandelt wurde. Sie beinhaltet verschiedne Techniken der Konfliktanalyse, des Krisenmanagements sowie verschiedene Kommunikationsmodelle. Der Mittelpunkt der Konfliktanalyse ist, die Konfliktparteien anzuleiten, ihre eigenen Wahrnehmungs- und Entscheidungsmuster zu erkennen und den Sachverhalt distanziert zu betrachten und zu bearbeiten. Das Fernziel ist die gemeinsame Verständigung und Wegbereitung zum gegenseitigen Verständnis. Die Medianten erarbeiten die sachliche Vereinbarung eigenverantwortlich und bewirken somit, dass der Mediator während des Verfahrens nicht angreifbar ist. Er ist nicht Teil des Konfliktes, sondern moderiert als nicht involvierter, neutraler Dritter die eigenverantwortliche Lösungsfindung der Medianten.

2.2.4 Wann ist Mediation anwendbar?

Ein Mediationsverfahren hat als Grundlage und als gemeinsame Idee, dass die Konfliktparteien bereit sind, bei einer Lösungsfindung aktiv mitzuarbeiten und einer Einigung eigenverantwortlich entgegenzusteuern. Sind diese Grundlagen gegeben, ist es sinnvoll ein Verfahren zu eröffnen. Auch wenn der eigentliche Konflikt, während des Verfahrens, nicht völlig beigelegt werden kann, werden dennoch die Interessen und individuellen Positionen der Beteiligten abgewogen, dargestellt und verständlich gemacht. Wegen des hohen Maßes an Diskretion und der Tatsache, dass ein Großteil der Gerichtsverfahren „verglichen" werden, wird die moderne Mediation von der Tagespresse als Verfahren dargestellt, dass immer mehr Akzeptanz und Anwendung im Komplex unserer Gerichtshöfe findet.

2.2.5 Die Kompetenzen des Mediators

Der Verfahrensleiter sollte aufgrund seiner Persönlichkeit Ruhe und Fachkompetenz ausstrahlen (vgl. Erdmann, 2008). Neutralität und Verschwiegenheit sind bekanntlich die Grundvoraussetzungen für eine Verfahrenseröffnung (vgl. Europäischer Verhaltenskodex für Mediatoren, 2004). Diese müssen aber von ihm auch gegenüber den Medianten kommuniziert werden. Darüberhinaus kann der Mediator durch Einfühlsamkeit den Medianten Verständnis entgegenbringen und über sein Verhandlungsgeschick und seine Kommunikationskompetenz das Verfahren erfolgreich abschließen. Die Verfahrenserfahrung und menschliche Reife ist also nichts, was man innerhalb weniger Monate lernen kann. Vielmehr handelt es sich, meiner Meinung nach, hierbei um einen Prozess, der viele Jahre dauert. Die externen verfahrensunterstützenden Hilfsmittel, wie z.B. Fachliteratur, können dazu beitragen, dass diese Zeitspanne verkürzt wird.

2.2.6 Ein mediativer Fahrplan

Im Laufe der Zeit haben sich viele verschiedene Phasenmodelle der Mediation entwickelt. Im angelsächsischen Raum findet man häufig ein Modell, das aus drei Phasen besteht: Pre-Mediation, Main-Mediation und Post-Mediation. Im deutschsprachigen Raum habe ich verstärkt ein Modell aus fünf Phasen gesehen. Auch wenn die Zahl der einzelnen Phasen variiert, findet sich als Kernmodell die folgende Struktur abgewandelt immer wieder:

1) Einführung: Mediationsvertrag bzw. -vorgespräch
2) Bestandsaufnahme: Benennung des Zieles und der Positionen
3) Konfliktbearbeitung: Vertiefung der Positionen
4) Einigung: Lösungsfindung
5) Vertragsgestaltung: Ausarbeitung der Einigung

Werden die Phasen inhaltlich nicht auf einzelne Sitzungen beschränkt, sollten die Phasenübergänge flüssig gestaltet werden und durch eine nicht bewertende Zusammenfassung jeweils vor dem Übergang zur nächsten Etappe abgeschlossen werden.

2.2.7 Die Win-Win-Lösung in der Mediation

Die Win-Win-Lösung ist das allgemeine und grundlegende Modell bzw. Ziel eines beliebigen Konfliktbeilegungsverfahrens mediativen Charakters (vgl. Erdmann, 2008). Es soll für die beteiligten Seiten ein Gewinn, also ein positiver Mehrwert entstehen. Dieser Mehrwert stellt den gesicherten und angepassten Standpunkt des Individuums in der Vereinbarung dar. Die sogenannten Win-Win-Lösungen lassen sich aus ihrem Sachverständnis heraus unter der Bedingung einer kooperativen Zusammenarbeit erzielen (vgl. Fisher, Ury, Patton, 2004). Es muss grundlegend der gemeinsame Wille vorhanden sein, eine konstruktive Lösung zu erwirken. Daher darf kein generell destruktiver Interessenkonflikt herrschen. Es sollte gewährleistet sein, dass die Bedürfnisse, die Interessen und Wünsche bereits verbal dargestellt werden können. Die Medianten dürfen sich für die aktive Aufarbeitung daher nicht mehr an einem emotionalen Tiefpunkt befinden. Dieses setzt voraus, dass man den persönlichen Standpunkt definieren kann.

Die Positionen, die dargestellt werden, stehen stellvertretend für die individuellen Interessen und Bedürfnisse. Eine Steigerung der Konfliktdynamik entsteht, wenn die Beteiligten von der Sachebene auf eine emotionale Art und Weise der Standpunktverteidigung zurückfallen. Sobald die vordergründige Mauer der Positionen durchbrochen wurde, kann man sich anhand der Interessen und Bedürfnisse auf einer sachlichen Ebene mit den Themen auseinandersetzen. Ziel ist es, eine Einigung zu schaffen, die möglichst viele Bedürfnisse beider Seiten in sich vereint. Die Gesprächspartner müssen bewusst zusammenarbeiten und müssen die Verantwortung selbst übernehmen. Persönliche Verletzungen sollten gemieden werden und vielmehr den Gefühlen und Ansichten des anderen nachgegangen werden. Es sollte schließlich versucht werden, eine tatsächliche Einigung zu formulieren. Bei einer Lösung auf Kompromissebene verlieren beide Seiten zu geringen Teilen. Diese geringen Teile können das Vereinbarungskonstrukt jedoch langfristig zum Einsturz bringen. Das hat inhaltlich damit zu tun, dass alle Parteien von ihren Positionen und Standpunkten zu einem bestimmten Grad abweichen müssen, um sich so in einem Kompromiss wiederzufinden.

Dieses Win-Win-Modell ist so strukturiert, dass sich die Beteiligten eigenständig in einem Gespräch mit den Themen und Sachverhalten auseinandersetzen. Die genannten Kompromisse stellen für die Zukunft jedoch eine unstabile Variable dar, weil Kompromisse generell nicht aus völliger Überzeugung getroffen werden und es später zu Unstimmigkeiten kommen kann. In der Mediation kommt die Idee des Win-Win-Modells selbstverständlich auch vor. Die Anwendung ist jedoch etwas verschieden. Der grundlegende Win-Win-Gedanke herrscht prinzipiell vor, jedoch ist ein direktes Meinungsaustauschen zwischen den Medianten nicht vorgesehen. Die Dreieckskommunikation ist, meiner Meinung nach, ein wichtiger Bestandteil der Bewahrung der Sachebene. Persönliche Angriffe und Verletzungen kommen durch die entschleunigende Wirkung des Mediators nur abgeflacht bei dem Kontrahenten an. Das Verfahren der Mediation wird im Gegensatz zum reinen Win-Win-Gespräch von dem Mediator geleitet und die Medianten werden auf dem Weg ihrer Vereinbarungsfindung und -erarbeitung begleitet. Genau an dieser Stelle findet man nun den wichtigen Unterschied zwischen den beiden Modellen. In der Mediation werden die Positionen, die Interessen und die Bedürfnisse solange analysiert und aufgearbeitet, bis eigenständig eine Vereinbarung ohne Abstriche und Kompromisse gefunden werden kann. Dieser positive Aspekt gibt dem Mediationsverfahren die spezielle Kraft und Zuversicht, dass der Einigung anhaltend Folge geleistet wird.

2.3 Kommunikationstechniken des NLPs

Eingangs wurde der Konflikt als Motor für Veränderung sowie seine soziale Rolle und seine Besonderheit für die Arbeit eines Mediators dargestellt. Diese Einführung vermittelte ein Verständnis dafür, wie der Konflikt als Fundament für das auf ihn aufbauende Vereinbarungs- oder Lösungssystem wirkt. Die Kommunikationstechniken des Neuro-Linguistischen Programmierens sind nun ein Zusatz zum Mediationsmodell. Diese sollen optimierend und konditionierend wirken. Bevor dieser Zusammenhang jedoch anhand des analytischen Teils der Studie untersucht wird, erfolgt eine Darstellung und Begriffserklärung der Basistechniken des Neuro-Linguistischen Programmierens.

2.3.1 Selbstverständnis des NLP

Neuro-Linguistischen Programmieren ist kein in sich geschlossenes System. Es handelt sich hierbei um eine Methodensammlung, die ständigen Veränderungen unterliegt (vgl. Erdmann, 2008). Die Anwendung dieser Techniken soll Menschen in Veränderungsprozessen unterstützen. Vorab wird der Mensch durch die Anwendung verschiedener Methoden für Veränderungsprozesse konditioniert, damit anschließend ein begleitendes System, wie z.B. die Mediation greifen kann. Die eigentlichen Veränderungsprozesse finden allein in dem Individuum statt. Bei dem externen Einfluss der Techniken handelt es sich in dem fusionierten Bereich von NLP und Mediation lediglich um die Wegbereitung durch Konfliktbearbeitungsprogramme. Aufgrund der Kommunikationskenntnisse, wie sie im Neuro-Linguistischen Programmieren gelehrt werden, hat der NLP-Anwender die Möglichkeit durch das reine Erkennen, Lesen und Interpretieren der Kommunikationsmuster des Kommunikationspartners sein Verhaltensmuster zu erahnen und sich selber entsprechend anzupassen. Diesem fundamentalen Vorgang der Kommunikationsaufnahme im Rahmen des Neuro-Linguistischen Programmierens wird später noch ein Name gegeben.

Als Resultat kann die Kommunikation zwischen beiden auf einer und derselben Ebene ihren Anfang nehmen. Um jenes zu erreichen, können jedoch auch mehrere Techniken gleichzeitig benutzt werden. Neben dem Sprachmuster kann z.B. auch die Körperhaltung gespiegelt werden. Die gespiegelte Person sieht sich somit vom äußerlichen und sprachlichen Erscheinungsbild einer vertrauten Person gegenüber, nämlich sich selbst. Unbewusst öffnet sich die Zielperson und wird für eine effektive und konstruktive Kommunikation zugänglich. Es wird grundsätzlich angenommen, dass die äußerlichen menschlichen Verhaltensprozesse einen inneren Ursprung haben. Äußerliche Einwirkungen werden mit bereits gespeicherten Informationen einer inneren Datenbank verglichen. Ohne weitere prüfende Vorgänge, werden auf gleiche oder ähnliche Einflüsse / Reize bereits gespeicherte Reaktionen veranlasst. Der Mensch reagiert unbewusst solange identisch auf gleichbleibende Reize, bis die gespeicherten Daten bewusst hinterfragt, analysiert und neu gespeichert werden. Konfliktbegleitende NLP-Techniken helfen bei der Aufarbeitung der individuellen Verhaltensstrukturen und deren Neuordnung. Die Verhaltensstrukturen koppeln sich demnach an die Erfahrungen, die das Individuum in seinem Leben machte. Alle Lern- und Veränderungsprozesse liegen diesen Erfahrungen zu Grunde. Die Anwendungen von Veränderungs- und Kommunikationstechniken haben das Ziel, verträglich mit dem Unterbewusstsein des Kommunikationspartners in Kontakt zu treten und die bestehenden Strukturen zu hinterfragen oder gänzlich zu nutzen. Wie diese Informationen im Einzelnen gespeichert und abgerufen werden, erkennt man z.B. an dem Modell der Denkstrategien. Dieses Forschungsergebnis gibt Aufschluss bezüglich der Augenbewegungen des Kommunikationspartners. Gemäß der Augenbewegungen während eines Kommunikationsprozesses kann man darauf schließen, wie Informationen intern verarbeitet oder abgerufen werden. Diese Vorgänge haben während des Sendens einer Information eine ebenso starke Aussagekraft wie während des Empfangens einer

Nachricht. Anhand dieser Erkenntnisse werden Denkstrategien sichtbar. Die Information als Hypothese aufnehmend, kann der Mediator seine Verfahrensstrategie entsprechend vorab anpassen Jeder Mensch modelliert sich auf seine eigene Art und gemäß seiner individuellen Erfahrungen sein persönliches Weltbild und agiert dementsprechend subjektiv in seinem Wahrnehmungs- und Verständnismuster. Das Selbstverständnis des Neuro-Linguistischen Programmierens ergibt sich aus der Tatsache, dass nichts Neues zu dem Verhalten einer Person hinzugefügt wird, sondern alles eine Aufarbeitung und Nutzung von bereits bekannten und vertrauten Erfahrungen ist. Ausschlaggebend ist letztendlich das Veränderungspotenzial des Individuums.

2.3.2 Eine kritische Stellungnahme zum Phänomen des NLP

Die folgende kritische Stellungnahme von Herrn Dr. Christoph Bördlein erschien im Dezember 2001 im "Schulheft", einer kritischen Zeitschrift für Pädagogen aus Österreich. Aufgrund des inhaltlich treffenden Charakters dieses Essays, ist es im Original übernommen und für eine deutliche Abhebung vom eigentlichen Text kursiv dargestellt worden.

„Einleitung

Glaubt man seinen Anhängern, so stellt das Neurolinguistische Programmieren (NLP) Techniken zur Veränderung des Erlebens und Verhaltens bereit, die in kurzer Zeit ermöglichen, was bis dahin unmöglich schien. Von "Zauberei" und "Wundern" ist immer wieder die Rede (Winiarski, 1995). Das Wort "Exzellenz" - eine etwas unglückliche Übertragung aus dem Amerikanischen ("excellence") - ist allgegenwärtig. Fragt man konkret nach, was NLP denn nun eigentlich sei, erhält man Aussagen wie aus dem Prospekt für ein Diät-Wundermittel oder aus der Moderation von Home-Shoping-Programmen im Fernsehen: "NLP vermittelt hochwirksame Kommunikationstechniken", "NLP ist ein bedeutsames Konzept für Kommunikation und Veränderung", "NLP ist exzellente Kommunikation" und andere Sätze, die einen Superlativ enthalten. Was ist NLP nun aber wirklich?

Weitere Punkte:

* Die Gründungslegende des NLP
* Was ist NLP nun eigentlich?
* NLP und Wissenschaft - Zwei Welten, die sich kaum berühren
* Und es wirkt doch...?
* Gründe für den Erfolg

Das "Neurolinguistische Programmieren" (NLP) - Hochwirksame Techniken oder haltlose Behauptungen? Ein Essay

Aus dem Kursbuch der Städtischen Volkshochschule Bamberg, Frühjahr 2000, Bereich **"Lebens- und Erziehungsfragen"**:

"2108 Einführung in das NLP / Wochenendkurs

NLP als bewährtes Modell erfolgreicher Kommunikation hat seinen festen Platz im Alltag, wenn es um Erfolg, Gesundheit, Kreativität, Lernen und Lehren sowie Teamarbeit, Ziele und Visionen geht. ....
Anwendungsbereiche sind Begegnungen mit Menschen, Deutung von Körpersprache und Signalen, Aktivierung von Energien und vieles mehr.

2109 Beauty Mind - Schönsein von innen mit NLP

Schönsein ist keine zufällige Randerscheinung unserer Persönlichkeit, sondern steht in sehr enger Verbindung mit den Vorgängen unseres Gehirns. .... Anhand von praktischen Übungen wird erfahrbar, wie dieses Mentaltraining die körperliche Schönheit von innen her positiv verändern kann. ....

2111 Gemeinsam wachsen - NLP in der Kindererziehung . ....

Eltern lernen Möglichkeiten kennen, wie sie NLP in ihrem Alltag nutzen können..... Erwachsene können vorbeugend wirken, damit sich bestimmte negative Verhaltensweisen bei Kindern gar nicht erst einprägen. ....

2112 Alltags-Stress und Konflikte positiv verarbeiten mit NLP. ...."

Was ist NLP? Fragt man einen vom NLP Überzeugten, so erhält man meist Antworten wie "NLP vermittelt hochwirksame Kommunikationstechniken", "NLP ist ein bedeutsames Konzept für Kommunikation und Veränderung", "NLP ist exzellente Kommunikation" und andere

Sätze, die einen Superlativ enthalten. Ich weiß nicht, ob es den "NLP-lern" klar ist, daß das keine Definition, sondern Werbung ist.

Der Ursprung des Neurolinguistischen Programmierens liegt in den siebziger Jahren, als Richard Bandler und John Grinder das Buch "The structure of magic" veröffentlichten. Bandler und Grinder wollten herausfinden, was das Außergewöhnliche im sprachlichen Verhalten besonders erfolgreicher Therapeuten (wie z.B. Erickson, Satir und Perls) ist. Dabei stellen sie einige Prinzipien erfolgreicher Kommunikation auf, die wohl die Grundlage des NLP darstellen dürften.

Diese Prinzipien (z.B. "Rapport herstellen", d.h. sich in Körperhaltung, Stimmlage und Wortwahl an den anderen angleichen) klingen zunächst einmal nicht unvernünftig. Meine Kritik am NLP setzt beim krassen Mißverhältnis zwischen Selbsteinschätzung durch "NLPler" und der tatsächlichen theoretischen Fundierung und (wissenschaftlich belegten) Leistung des Verfahrens an.

Die theoretische Fundierung der NLP-Techniken ist ausgesprochen dürftig. Genauer betrachtet ist eigentlich keine explizite Theorie erkennbar. Was den theoretischen Hintergrund angeht, handelt es sich meiner Meinung nach beim NLP um eine Mischung aus Platitüden "Geist und Körper sind Teile des gleichen kybernetischen Systems und beeinflussen sich wechselseitig.", kompletten Blödsinn ("Es gibt ein Unterbewußtes, das mehr kann und weiß, als das Bewußtsein. Beide, auch das Unbewußte und das Bewußtsein, haben positive Ab-

sichten." und nur halbverstandenen Bruchstücken aus echten psychologischen Theorien.

Als Beispiel für letzteres diene die NLP-Technik des "Anchoring": Dabei läßt der Therapeut den Klienten sich auf sein Problem konzentrieren und "ankert" es dann, indem er dem Klienten beispielsweise mit der Hand leicht die linke Schulter drückt. Nun soll sich der Klient vorstellen, daß er alle zur Lösung seines Problems nötigen Fähigkeiten besitzt, und der Therapeut drückt ihm jetzt beispielsweise die rechte Schulter. Zuletzt drückt der Therapeut beide Schultern des Klienten, wodurch das Problem "integriert" wird.

Das klingt zwar nach Pawlow und klassischem Konditionieren, jedoch nur auf den ersten Blick. - Tatsächlich gibt es keinen Lernmechanismus, der so funktionieren könnte. Allenfalls hat ein solches Vorgehen symbolischen Wert.

Schon die NLP-Begründer selbst waren nicht sehr explizit. Die immer wieder behauptete empirische Fundierung ist nirgends dokumentiert. Es fällt auf "daß weder ein praktischer Forschungsprozeß noch Ergebnisdaten von Bandler und Grinders Arbeiten dokumentiert werden. Bis heute kann der Leser nirgends eine entsprechende Quellenangabe finden!" (Möller, 1995, S. 32). Ob die angebliche penible Beobachtung therapeutischer "Hexenmeister", die ja dem Mythos zufolge den Ursprung des NLP darstellt, überhaupt stattfand, ist also nirgends belegt: "In jedem Fall aber haben sie (...) höchst prominente Leute [die erwähnten Therapeuten; CB] für das Schreiben ihres Vorwortes gewonnen..." (ebd.). Ebenso haben "alle folgenden Autoren und ´Autoritäten` (...) ebenfalls keine wissenschaftlich-empirischen Studien veröffentlicht" (a.a.O., S. 32-33), NLP-Autoren der zweiten Generation finden es i.d.R. nicht einmal nötig, ihre Quellen zu nennen. Das wissenschaftliche Gewand (welches u.a. in der exzessiven Verwendung der Terminologie der Transformationsgrammatik bzw. formaler Sprachen besteht), das Bandler und Grinder dem NLP gaben, war eben doch nur eines von des Kaisers neuen Kleidern.

Auch spätere Grundlagenforschung zu NLP wirft ein bezeichnendes Licht auf die magere theoretische Basis. Z.B. kann die "Augenbewegungshypothese" des NLP als widerlegt gelten (vgl. Bliemeister, 1988). Nach Auffassung des NLP lassen sich aus der Richtung, in die eine Person beim Denken blickt, Rückschlüsse auf ihren Denkstil (oder das von ihr benutzte "Repräsentationssystem") ziehen Jedoch ließ sich kein wie auch immer gearteter Zusammenhang im Sinne der NLP-Hypothesen nachweisen. Trotzdem arbeiten NLP-Therapeuten weiterhin in der Illusion, sie können aus der Richtung, in die ein Klient blicke, quasi ablesen, wie dieser gerade denke.

"NLPler" erwidern darauf (schlechte theoretische Basis) i.d.R., daß es funktioniere, sogar viel besser als alles andere. Immer wieder wird die Funktionalität des Verfahrens hervorgehoben:

"Dazu kommt, daß mit NLP-Techniken gewisse Dinge (z.B. Phobien) in viel kürzerer Zeit viel effizienter behandelbar sind, als mit ´klassischen` Ansätzen."

Stimmt das? Nun, bislang hat das keiner im Rahmen einer Evaluation zeigen können. Für den Bereich der Therapien maßgeblich ist die Metastudie von Grawe et al. Dort heißt es bezüglich NLP:

"Für folgende Therapieformen fehlt bisher jede stichhaltige Wirksam-keitsuntersuchung und damit das Minimalkriterium dafür, daß man von einer wissenschaftlich fundierten Therapieform sprechen kann: - Aktualisierungstherapie, Aqua-Energetik, Neuro-linguistisches Programmieren, Transzendenztherapie, Z-Prozeß-Beziehungstherapie."

Der Leser mag dieser Liste noch einige mehr oder weniger exotische Namen hinzufügen" (Grawe, Donati & Bernauer, 1994, S. 753).

Auch konnte mir bislang kein "NLPler" eine Studie nennen (die Grawe et al. evtl. übersehen hätten). Selbst die - der überkritischen Auswahl eher unverdächtige - Datenbank der deutschen NLP-Seite führt praktisch nur zwei Arten von Studien auf: Solche, die für NLP-Techniken negative Ergebnisse erbrachten und solche, die z.T. erhebliche methodische Mängel aufweisen. Eine der vielversprechendsten Studien (Genser-Medlitsch, 1996) erweist sich erst bei genauerer Betrachtung als ausgesprochen fehlerhaft.

Dieser Mangel an Forschungsberichten stimmt nachdenklich, insbesondere da NLP-Anbietern marktwirtschaftliches Denken i.d.R. nicht fremd ist und eine gelungene Evaluation des Verfahrens *eigentlich gut als Werbung eingesetzt werden könnte. Zu vermuten steht: Gäbe es einen überzeugenden Wirksamkeitsnachweis für NLP, wir alle hätten es längst erfahren...*

Dennoch berichten NLP-Adepten oft davon, wie hilfreich NLP für sie sei und wie sie es selbst tagtäglich als wirksam erlebten. Neben dem bekannten "confirmation bias" - der (allzu-)menschlichen Tendenz, einmal getroffene Annahmen fortlaufend zu bestätigen (Bördlein, 2000) - und einem nicht zu vernachlässigenden Selektionsfehler (enttäuschte NLP-Kunden werden keine Werber für das Verfahren) basiert diese wahrgenommene "Wirkung" von NLP-Trainings vermutlich auf einer Art Placebo-Effekt. Wenn man beispielsweise versucht, das Rauchen aufzugeben und einem ein NLP-Trainer verspricht, nach nur einer Behandlungsstunde bei ihm könne man das auch -und der NLP-Trainer so überzeugt-überzeugend auftritt, wie das NLP-Trainer für gewöhnlich tun-, dann ist das schon eine starke Suggestion (zumindest eine stärkere als wenn er -ehrlicherweise- sagen würde, daß das ziemlich schwierig werden könnte), die bewirken kann, daß man wirklich -zumindest für eine Weile- mit dem Rauchen aufhört.

Hinzu kommt, daß einiges, was von "NLPlern" NLP genannt wird, eigentlich Verhaltenstherapie ist - und deshalb auch funktioniert. Vermutlich dürften sich aber die meisten Anwender von NLP dessen gar nicht bewußt sein, wie folgendes Beispiel belegt. Ein Vorstandsmitglied der "Deutschen Gesellschaft für Neuro-

Linguistische Psychotherapie e.V." berichtete mir einmal in einer Diskussion folgendes:

"Wie einer meiner Nachbarn es immer machte, der als Pferdezüchter seine Pferdchen von der Weide in den Stall holte: er tat etwas Korn in einen sog. Futtereimer, um dann lautstark damit zu rascheln. Klar: die Pferdchen konnten gar nicht schnell genug kommen... schon waren sie im Stall. Andere Pferdebauern würden stattdessen mit Peitsche, lauten Rufen etc. die Tiere von der Koppel treiben ... um dann kurz vor der Stalltür die Pferde ggf. wieder ausbrechen zu erleben. Wenn ich meinem ex-Nachbarn nun erklären würde, dass er NLP anwende, um seine Aufgaben zu erledigen: er würde sicherlich staunen oder gar sagen: "dass konnt' mein Vadder schon ....." Na klar!!"

Was mein damaliger Diskussionspartner - übrigens ein Diplompsychologe - hier beschreibt, ist allerdings kein "NLP" sondern operantes Konditionieren, wie jeder Psychologiestudent im ersten Semester lernt, bzw. lernen sollte. Die Mechanismen des operanten Konditionierens werden seit über sechzig Jahren erforscht und sie bilden die wesentliche Grundlage der Verhaltenstherapie. Derartige "Bildungslücken" sind nach meiner Einschätzung im NLP-Umfeld gang und gäbe.

Sicher: Es gibt auch seriöse und lautere NLP-Trainer bzw. -Therapeuten. Jedoch kann man mit diesem Argument jede noch so abwegige Therapie verteidigen, denn seriöse und aufrichtig bemühte

Vertreter wird man bei fast jedem Verfahren finden (solange es nicht sektenartig hermetisch organisiert ist). Aber auch seriös auftretende NLP-Trainer und -Therapeuten verwenden dieselben zweifelhaften Techniken wie ihre marktschreierischen Kollegen und auch sie können nichts daran ändern, daß die Grundlagen ihres Arbeitens - zum Teil - falsch sind.

Das "Besondere" am NLP ist wohl die Selbstüberschätzung auf Seiten vieler Ausbilder und Anwender. Colin Goldner (1997) schreibt von einem "hybride[n] Selbstverständnis der Szene" (251). Und ein sich selbst überschätzender Therapeut ist insofern für den Klienten gefährlich, da er in seinem "Wahn", "heilen" zu können, diesen evtl. von einer notwendigen wirksamen Behandlung abhält. - Das ist freilich ein Problem einzelner Personen, nicht des Verfahrens. Zu fragen bleibt nur, warum gerade "NLPler" diese Hybris entwickeln.

Auffallend ist auch die Nähe des NLP zu esoterischen Kreisen. Viele "Institute" bieten neben NLP auch allerlei esoterischen Schwachfug an. Der NLP-typische Machbarkeitswahn ist in anderer Gestalt in vielen New-Age-Therapien zu finden; auch dort kann man alles erreichen, wenn man nur will, sogar seine physische Erscheinung nach Belieben verändern (vgl. den Kurs Beauty Mind - Schönsein von innen mit NLP aus dem Programm der VHS Bamberg - leider habe ich die Dame, die den Kurs anbietet, nie gesehen...). Hier wie dort wird die Verantwortung dem Individuum zugeschoben und implizit oder explizit auch die Verantwortung für das eigene Unglück.

Was ist nun -zusammenfassend- vom NLP zu halten? Rupprecht Weerth, ein Befürworter des NLP, zählt folgende Kritikpunkte auf, ohne daraus jedoch die nötigen Konsequenzen ziehen zu können:

1. *Die NLP-Theorie ist lückenhaft und z.T. wissenschaftlich nicht haltbar;...*

2. *Die NLP-Techniken sind zum großen Teil anderen Therapie-Methoden entnommen und in der angewendeten Form an fechtbar; die behauptete durchgreifende Wirkung ist nicht genügend belegt...*

3. *Das NLP-Modell weist Widersprüche auf und beinhaltet Gefahren..." (Weerth 1992, S. 221).*

Dem ist eigentlich nichts hinzuzufügen."

(Bördlein, Neurolinguistische Programmieren (NLP) - Hochwirksame Techniken oder haltlose Behauptungen? Schulheft, 103 , 117-129, 2001).

2.3.3 Kommunikationstechniken innerhalb des NLPs

Die verschiedenen Kommunikationstechniken und deren gekonnte Anwendung stellen einen wichtigen Bestand der Werkzeuge eines Mediators dar. Mit ihnen kann sich der Mediator auf einer Kommunikationsebene mit den Medianten treffen, Stimmungsbilder und Denkstrategien erkennen oder zwischen den Medianten einen Informationsaustausch herstellen. Auf diesem Wege können Blockaden überwunden und die Medianten zur aktiven Mitarbeit motiviert werden. Durch ein geschicktes Vorgehen des Mediators kann den individuellen Gefühlen der Medianten Verständnis entgegengebracht werden und sie können aus emotionellen Zuständen, die ebenfalls eine Blockade für das Verfahren darstellen können, herausgeführt werden. Das Wissen über die einzelnen Kommunikationstechniken eröffnet dem Mediator weitere Türen hin zum besseren Verständnis der beteiligten Parteien. Ein Großteil von Kommunikationstechniken finden sich heutzutage unter dem Begriff des Neuro-Linguistischen Programmierens wieder. In der Praxis werden viele dieser Informationen benutzt, um dem Verfahren einen effektiven Verlauf zu ermöglichen. Die wichtigsten Methoden werden folgend dargestellt.

2.3.4 Die vier Formen des Zuhörens

Der Mensch verfügt über mehrere Formen, seine Aufmerksamkeit mitzuteilen bzw. gezielt einzusetzen. Jede dieser Formen kann in einer spezifischen Art der Steuerung eines Gespräches dienen. Für den Mediator ist seine 100 %-ige Aufmerksamkeit Grundlage seiner professionellen Arbeit. Er muss die Mitteilungsstrategien, die Menschen oft unbewusst einsetzen, verstehen, erkennen und seine entsprechende Strategie bewusst für den Verlauf des Dialoges einsetzen. Das angestrebte vollkommene Zuhören und die damit verbundene 100 %-ige Informationsaufnahme ist ein wichtiges Vorgehen von Seiten des Mediators, um die Kontrolle über das Verfahren zu behalten. Um eine kostruktive Kommunikation zu erhalten, sollte in der

Praxis dem Gesprächspartner eine uneingeschränkte Aufmerksamkeit geschenkt werden. Sämtliche Sinnesorgane werden dabei zur Aufnahme der bewusst oder unbewusst gesendeten Informationen verwendet. Von besonderem Interesse ist die Körpersprache, die Denkstrategie, die Wortwahl und der Tonfall des Kommunikationspartners. Es wird in vier verschiedene Intensitätsstufen des Zuhörens unterschieden.

a) Das „nicht bestätigende Zuhören" signalisiert, dass inhaltlich die Botschaft des Senders verstanden wurde. Diese Aufnahme kann sich jedoch nur auf den rein sachlichen Teil beschrän ken. Durch die fehlende Aufmerksamkeit, die sich durch einen fehlenden Blickkontakt darstellt, wird die Mimik und die sonstige körpersprachliche Untermalung des Senders, welche dazu dient, den sachlichen Inhalt der Botschaft zu unttermalen, nicht aufgenommen. Es fehlt dabei die Möglichkeit, die Botschaft komplett zu dekodieren. Die Botschaft des Senders wird nur abgeschwächt und beschränkt wahrgenommen. Darüber hinaus kann ein rein körperlicher Bezug jedoch bestehen.

b) Ein weitaus abweisenderes Verhalten innerhalb eines Kommunikationsvorganges ist das „passive Zuhören". Bei diesem Vorgehen erhält der Sender keinerlei Empfangsbestätigung und es besteht kein körperlicher Bezug. Es wird weder ein bestehendes Interesse, noch der Eingang einer Information bei dem Gesprächspartner signalisiert. Eine solche Beteiligung wird z.B. durch eine abweisende Körperhaltung und gleichzeitig durch einen abschweifenden Blick hervorgerufen. Diese Anwendung kann einen Gesprächsabbruch mitsichbringen.

c)   Das „bestätigende Zuhören" beinhaltet ein konstantes Signalisieren der Aufmerksamkeit, des Verstehens und des Interesses. Der Gesprächspartner wird in seinem Redefluss durch kurze verbale Einwürfe bekräftigt und zu einer weiteren Kommunikation und Mitarbeit angeregt. Ein bestätigendes Nicken, Lächeln oder ein Handzeichen erfüllen diesen Zweck und erklären dem Kommunikationspartner, dass er von dem Informationsempfänger beachtet und ernstgenommen wird.

d)   Das „aktive Zuhören" zeichnet sich durch die kurze inhaltliche Wiedergabe des Inhaltes der Mitteilung aus. Dem Sender wird somit gezeigt, dass und wie die Information bei dem Gesprächspartner angekommen ist und wie er die Information dekodiert hat. Missverständnissen wird aufgrund des inhaltlichen Spiegelns und der ungeteilten Aufmerksamkeit vorgebeugt. Alexa Mohl beschreibt diesen Vorgang wie folgt: „Aktiv ist diese Form des Zuhörens deshalb, weil der Gesprächspartner seinem Gegenüber etwas zurückmeldet, was zwar in dessen Äußerung enthalten, aber nicht eigens in Worte gefaßt war." (Mohl, 2006, S. 64).

2.3.5 Das Lesen im Gesicht u. das Erkennen von Denkstrategien

Besonders in Einzelgesprächen gibt es die Möglichkeit, sich vollkommen auf die kommunikativen Vorgänge des Gesprächspartners zu konzentrieren. Ein Zentrum der Mitteilungen ist hierbei das Gesicht. Nicht nur aus dem Grund, dass verbale Äußerungen durch den Mund weitergegeben werden, sondern vielmehr, weil die Bewegungen der Augen, während des Gesprächsprozesses, profunde Hinweise auf interne Vorgänge geben. Dies geschieht durch das korrekte Erkennen, die anschließende Analyse und der inhaltlichen Abgleichung bzw. Hinterfragung des gesehenen Vorganges. Das Gesicht offenbart daher nicht nur verschiedene Primärreaktionen, wie z.B.: Angst, Furcht, Glück, Trauer, Überraschung und Abscheu, die auf eine Informationsaufnahme ohne inhaltliche Analyse folgen, sondern auch tiefer und länger anhaltende Vorgänge im Innern des Kommunikationspartners.

Die Bewegungen der Augen verraten, gemäß des Lehre des NLP, wie ein Mensch intern Informationen verarbeitet und Erinnerungen abruft. Sobald dieses Denkmodell erkannt wird, können folgende Fragen, Antworten und Stellungnahmen gesprächsführend plaziert und inhaltlich auf den Zustand bzw. gemäß des internen Prozesses des Gesprächspartners abgestimmt werden. Speziell in Erinnerungsphasen, bei der Vorbereitung einer Antwort oder während der Aufnahme einer Botschaft können Augenbewegungen erkannt und gedeutet werden. Durch eine vorsichtige inhaltliche Gesprächsbeobachtung und -abstimmung wird festgestellt, ob dieses externe Schema an Augenbewe-

gungen mit der Programmierung des Gesprächspartners übereinstimmt.

Alexa Mohl bestätigt diese Erkenntnis folgend: „Auf welcher Wahr-
nehmungsebene oder in welchem Repräsentationssystem ein Mensch
gerade mit etwas intern beschäftigt ist, kann man auch an seinen Augen ablesen." (Mohl, 2006, S. 49).

Folgend eine Darstellung der Bewegungsvorgänge und deren Bedeutung:

O O	O O
visuelle Konstruktion	visuelle Erinnerung

O O	O O	O O
auditive Konstruktion	Fenster	auditive Erinnerung
	zur Seele	

O O	O O
kinästhetisch Konstruktion	innerer Dialog

Anhand der Berücksichtigung dieser Denkmechanismen in unserer
Gesprächsführung wird ein besserer Kommunikationsfluss erhalten.
Auf diese Weise werden interne Vorgänge erkannt und mögliche Stel-
lungnahmen können erahnt werden, bevor sie geäußert werden.

Dieses kann als Vorbereitung auf die nächste Frage einen wichtigen Einfluss haben.

2.3.6 Die Körpersprache

Unter Körpersprache versteht man sämtliche Kommunikationsmuster, die einen informativen Charakter haben und verbale Äußerungen inhaltlich unterstützen oder schlicht als nonverbale Stellungnahmen zu interpretieren sind. Auch wenn keine bewusste verbale Kommunikation stattfindet, sendet der Körper ständig Informationen, die als Äußerungen angesehen werden können. Die Wahrnehmung und Interpretation von Körpersprache hilft, Gefühle, Emotionen und Gedanken hinter oder begleitend zu verbalen Informationen zu verstehen. Einige Beispiele hierzu sind:

a)   Nervöse Beine oder nervöse Füsse drücken Unbehagen bezüglich des Inhaltes der Unterhaltung oder der generellen Situation aus und deuten an, dass der Betroffene den Wunsch hat, das Thema der Diskussion zu wechseln oder gar den Ort des Gespräches zu verlassen. Er möchte im wahrsten Sinne des Wortes die „Flucht" ergreifen.

b)   Verschränkte Arme stellen eine Mauer dar und dienen der Abschottung. Die handelnde Person möchte sich auf diese Weise von dem Inhalt, von dem Kommunikationspartner oder von der Art und Weise der Kommunikationsführung distanzieren.

c) Ein Schulterzucken symbolisiert das Abschütteln der Verantwortung bezüglich eines Vorganges und somit die persönliche Freisprechung.

d) Wird eine Hand über die jeweilige Schulter geworfen, so ist dieses der Akt eines Wegwerfens und Ablegens des Vorganges oder des Gesprächsinhaltes.

e) Ein Tippen mit dem Finger zeigt ein hohes Maß an Ungeduld und ist auf Schlagreflexe und die damit verbundene Vernichtung des Opponenten zurückzuführen.

f) Das herkömmliche Kopfschütteln zeigt das konträre Wahrnehmen eines Sachverhaltes und schildert dem Kommunikationspartner, dass man sich von seinem Standpunkt distanziert.

g) Werden die Augen verdreht, so wird das Denkmuster gewechselt. Bezüglich des Gesprächsinhaltes zeugt solch ein Verhalten von geistiger Abwesenheit.

h) Der traditionell erhobene Zeigefinger stellt einen Stock dar und ist ein Drohverhalten, dass ebenfalls auf die Vernichtung des Kommunikationspartners deutet.

i) Das Herausstrecken der Zunge ist ein symbolischen Ausspucken und stellt Abneigung gegenüber einer Person dar.

Das erahnte Verstehen dieser Vorgänge dient dazu, den Kommunikationspartner besser zu interpretieren, die unterschwelligen Stimmungszustände zu erkennen, anschließend die Gesprächsführung anzupassen und die Eindrücke abzugleichen.

2.3.7 Gestikulieren

Unter Gestikulieren versteht man die nonverbale Weitergabe bzw. Untermalung von Informationen. Da das Gestikulieren ein Fragment der generellen Kommunikation ist und jede Art der Kommunikation einen Einfluss auf die Umgebung hat, stellt sich die Frage, wie solche spezifischen Vorgänge auf die Mitmenschen wirken. Generell gilt, dass expressive Menschen, die während Konversationen stark gestikulieren und intonieren, im beruflichen sowie im privaten Leben besser und glaubwürdiger wahrgenommen werden als ausdruckschwache Personen. Durch die oft temperamentvolle Untermalung ihrer Äußerungen erfreuen sie sich größerer Glaubwürdigkeit und Beliebtheit. Sie integrieren sich auf diesem Wege schneller in bestehende Systeme oder Gruppen und setzen sich dort durch ihre ausgestrahlte Kompetenz durch. Dr. Thomas R. Henschel stellt zu diesem Sachverhalt folgendes fest: „Untersuchungen haben gezeigt, dass expressive Personen die Aufmerksamkeit auf sich ziehen und auf der anderen Seite mehr expressives Verhalten und Empathie anregen." (Henschel, 2006, S. 14). Ausdrucksschwache Personen erwerben dagegen langsamer Anerkennung und werden eher als Träumer verkannt. Durch die Analyse der Gestikulation können Rückschlüsse auf den Charakter der Person und die Kommunikations- bzw. Verhaltensstratgie erfolgen. Diese sind jedoch nicht verbindlich, sondern gelten als An-haltspunkte, welche im Gespräch abgeglichen werden müssen.

2.3.8 Die sechs Phasen der Kommunikationsübertragung

Kommunikation läuft oft schnell und ohne wirkliches Verständnis be-züglich ihrer konkreten Struktur und dem spezifischen Inhalt ab. Den Prozess des Informationsaustausches kann man, meiner Studie nach, in ein detailliertes Phasenmodell übertragen. Auf diese Weise kann man die einzelnen Vorgänge, die während dieses Prozesses ablaufen, aufschlüsseln. Das Wissen über diese einzelnen Phasen der Kom-munikation, und die anhängigen Gefahrenpunkte für eine einwand-freie Kommunikation, sind einer großen Zahl von Menschen nicht be-wusst. Folglich werden keine Vorsichtsmaßnahmen getroffen, um eine korrekte Kommunikation zu garantieren, und folglich kann einer Botschaft während des Übertragungsvorganges ein neuer Sinn zuge-sprochen werden. Die Phasen der Kommunikation nach dem Ver-ständnis des Autors:

1. Unser Gehirn fasst einen Gedanken.
2. Der Gedanke wechselt in das gewählte Kommunikations-muster.
3. Die Botschaft wird übertragen.
4. Die Botschaft kommt bei dem jeweiligen Sinnesorgan des Empfängers an.
5. Die Botschaft wird entschlüsselt.
6. Die Botschaft wird von dem Gehirn ausgewertet.

Werden einzelne Phasen gestört, so treten Widersprüche und Interpretationsschwierigkeiten auf. Das liegt z.B. vor, wenn sich der verbale Inhalt mit der begleitenden Körpersprache inhaltlich nicht deckt. Die Sensibilisierung des Mediators für diese Phasenstruktur erhöht die Wahrscheinlichkeit, dass der Inhalt von Nachrichten korrekt wiedergegeben bzw. punktuell nach der Richtigkeit gefragt werden kann.

2.3.9 Kommunikationsblockaden

Kommunikationsblockaden können interner oder externer Natur sein. Intern reichen sie von inhaltlichen Verständnis-, Entschlüsselungs-, Auswertungs- und Übertragungsproblemen innerhalb der einzelnen Kommunikationsphasen und Kommunikationsmuster bis hin zur Verweigerung der Anteilnahme an dem beidseitigen Kommunikationsfluss. Externe Faktoren der Kommunikationsstörung und -blockade sind Einflüsse, welche die einzelnen Phasen oder Medien in ihrer Funktionalität beeinträchtigen. Dies können z.B. Geräusch- oder Geruchsbeeinträchtigungen sein.

2.3.10 Das Erkennen der Kommunikationsebene

Um sich auf den Gesprächspartner bzw. auf die Medianten richtig einzustellen, ist es notwendig, dass die Ebene der Kommunikation bzw. der Bezug zwischen den Medianten / Gesprächspartnern richtig eingeschätzt wird. Kommunikationsebenen stellen den reflektierenden Bezug vom Sender zu sich selbst ebenso dar, wie den Bezug oder das hierarchische Konstrukt zwischen den Gesprächspartnern. Das

Haupttransportmedium des interpersonellen Informationsaustausches wird anhand des thematischen Ursprunges des Konfliktes geprägt. Ebenso differenzieren die informativen Subtransportmedien. Bei einer emotionalen Auseinandersetzung könnte daher das Haupttransportmedium die Sprache und ein Subtransportmedium eine ausgeprägte Gestikulation sein. Wird dieses Konstrukt oder eine mögliche umgekehrte Variante analysiert, entsteht Raum für Rückschlüsse bezüglich der Beziehung beider Gesprächspartner. Die Kommunikationsebene legt ebenso weitere mögliche Informationen bezüglich des Verständnisses, des Ursprungs oder der Notwendigkeit bzw. Relevanz des Sachverhaltes frei. Der Austausch von Informationen kann nach heutigem Verständnis auf vier Ebenen stattfinden. Dabei wird unterschieden, ob jemand die Rolle des Senders oder des Empfängers einnimmt. Die jeweilige Ebene gibt einen Hinweis auf die persönliche Kommunikationsstrategie. Entsprechend der Positionierung des Individuums in diesem Modell, wird die Information auf eine gewisse Art gesendet, mit „vier verschiedenen Mündern", oder empfangen, mit „vier verschiedenen Ohren". Dr. Thomas R. Henschel zu diesem Thema: „ Die zwischen dem Sender und dem Empfänger übermittelte Nachricht hat vier Seiten. Und wir haben mindestens vier Münder, mit denen wir sprechen und vier Ohren, mit denen wir hören. Diese Seiten sind bei jedem Menschen unterschiedlich stark ausgeprägt." (Henschel, 2006, S. 79.

a) Die Selbstoffenbarungsebene: „Mir ist heiß."

b) Die Sachebene: „Ja, es ist heiß."

c) Die Appellebene: „Die Heizung wird abgestellt."

d) Die Beziehungsebene: „Dreh die Heizung herunter."

2.3.11 Die Bedeutung der Bewusstseinsebenen

Begleitet werden die Kommunikationsebenen von den Bewusstseinsebenen. (vgl. Erdmann, 2008). Unter einer Bewusstseinsebene
wird in diesem Zusammenhang die Definition des spezifischen Standpunktes verstanden, welcher das Anerkennen einer fremden Meinung
und den Wunsch nach einer offenen Gesprächsführung beschreibt.
Eine effektive Kommunikation ist am wahrscheinlichsten, wenn der
Austausch auf der gleichen Bewusstseinsebene abläuft. Entscheidend
für eine lösungsorientierte Arbeit ist hierbei, dass die Gesprächspartner die Konversation auf einer möglichst offenen Bewusstseinsbene,
die mehrere Meinungen zulässt, führen. Man unterscheidet in vier
verschiedene Bewusstseinsebenen.

a)   Die erste und geschlossenste Ebene sagt aus, dass es nur eine
        richtige Meinung gibt und diese ist die eigene.

b)   Die zweite Ebene sagt aus, dass es noch eine andere mögliche
        Sichtweise gibt, die persönliche jedoch die zutreffende ist.

c)   Die dritte Ebene sagt aus, dass neben der persönlichen An-
        sicht noch ein zweiter Standpunkt wahrgenommen und akzep-
        tiert wird.

d)   Die vierte Ebene beschreibt einen distanzierten Bezug zum
        Thema. Von hier aus werden beide Ansichten objektiv wahr-
        genommen und der Sachverhalt wird lösungsorientiert bear-

beitet. Diese Ebene ist der Ausgangspunkt des Mediators und zugleich die Ebene, auf welche der Mediator die Gesprächspartner führen möchte.

Als neutraler Dritter wechselt der Mediator während des Verfahrens die Ebenen. Befindet sich der Mediator zum Anfang des Verfahrens auf der vierten Ebene, auf die Meta-Ebene, so muss er von dieser hinunter zu den Ebenen, auf welchen sich die Medianten befinden, um mit ihnen zu kommunizieren. Hat der Mediator die zutreffenden Ebenen erkannt, so kann er durch gezielte Gesprächsführung die Medianten allmählich zum Erlangen von höheren Ebenen bringen. Der Mediator kehrt jedoch nach der Plazierung seiner Fragen immer wieder auf die Meta-Ebene zurück und passt seine neue Verfahrensstrategie dem entstehenden Umstand an. Den Medianten wird durch diese nicht wertende Distanzierung die Möglichkeit gegeben, ihre Ansichten darzustellen. Nach der Bewusstmachung und Mitteilung der eigenen Denkart und dem daraus entstehenden Sicherheitsgefühl, sind die Medianten offen für neue Ansichten und bereit, andere Realitäten wahrzunehmen. Es findet nach dieser Realisierung der eigenen Position eine Neuorientierung statt. Diese Neuorientierung kann man auch als Standortbestimmung ansehen. Sobald der eigene Standort bestimmt und somit sicher ist, können neue Wege gegangen werden.

2.3.12 Kommunikation über äußere Eindrücke

Konditionierend und motiviertend wirken nicht nur äußere Reize, die während des Informationsaustausches zwischen den Beteiligten bewusst oder unbewusst weitergegebenwerden, sondern ebenso passive Sekundärtransportmedien. Diese können während des Prozesses eine entscheidende Rolle spielen. Als passive Sekundärtransportmedien kann man z.B. den Verfahrensraum deuten. Dieser sollte Ruhe, Wärme und Geborgenheit ausstrahlen. Nur im geschützten Rahmen wird ein vertrauliches Gespräch hergestellt werden können. Der Mediator hat ebenfalls über sein äußeres Erscheinungsbild die Möglichkeit, Vertraulichkeit und Kompetenz auszustrahlen. Eine ansprechende Kleidung baut nicht nur leichter den Kontakt zu den Medianten auf, sondern sie hilft dem Mediator auch in und aus seiner professionellen Rolle zu finden.

2.3.13 Nonverbale Kommunikation

Als nonverbale Kommunikation bezeichnet man sämtliche Kommunikationsarten, die von den verbalen Strukturen abweichen. Jegliche Art von Reaktionen auf ein Geschehnis ist als eine Form einer kommunikativen Handlung (vgl. Matschnig, 2007). Dies schließt allgemein Gesten, visuelle Abbildungen, tonale Einflüsse und gar soziale Gruppierungen ein. Alles ist als eine Art der Kommunikation anzusehen. Alles Wahrnehmbare ist folglich einem Sendermodell zuzuordnen. Gemäß der Ideologie des Neuro-Linguistischen Programmierens ist es nicht möglich, nicht zu kommunizieren. Nonverbale Kommunikation begleitet die verbalen Kommunikationsmuster, existiert bzw. besteht eigenständig und stellt oft interne Zustände klarer dar als ihr sprachliches Pendant. Für die bewusste und / oder unbewusste Aufnahme solcher Informationen dienen unsere fünf Sinnesorgane. Da unser Bewusstsein mit der bewussten Aufnahme, Wahrnehmung und Auswertung aller Einflüsse zum gleichen Zeitpunkt überfordert wäre, wird unbewusst selektiert, welche Reize bewusst und welche unbewusst wahrgenommen werden. Bezüglich der Sinnesorgane und ihrer Leistung folgt eine funktionelle Zuordnung:

a)   Die Augen nehmen Informationen bezüglich der Gestikulation, der Körperhaltung, der Denkstrategien, der Bewegungsformen und Hautveränderungen auf.

b)   Die Haut nimmt Veränderungen von Temperatur, Feuchtigkeit und Oberflächenbeschaffung auf.

c)   Die Ohren spielen in der nonverbalen Kommunikation eine wichtige Rolle. Über ihre Wahrnehmung wird entschieden, ob eine ungestörte verbale Kommunikation möglich ist oder ob ein Zweitsender das Gespräch behindern würde. Weiterhin werden akustische Reize geordnet und selektiert bzw. Veränderung in der Intensität wahrgenommen.

d)   Der Geruchssinn erstellt Theorien bezüglich der Persönlichkeit des Kommunikationspartners oder der Eigenschaft eines Kommunikationsortes.

e)   Der Geschmackssinn liefert Informationen, die in den Intimbereich fallen. Schützende Distanzzonen wurden hierbei durchbrochen.

Die nun folgende Aufstellung stellt dar, über welche Organe quantitativ die meisten Informationen wahrgenommen werden. Es tritt hier die Wichtigkeit des Sehorgans stark in den Vordergrund. Der Geschmackssinn nimmt an der Informationsaufnahme nur stark eingeschränkt teil.

1) Augen

2) Haut

3) Ohren

4) Geruch

5) Geschmack

2.3.14 Einschränkung der nonverbalen Kommunikation

Es gibt Situationen, in denen wahrnehmbare Veränderungen nicht zu den Mustern der nonverbalen Kommunikation zählen. Es handelt sich bei diesen Vorgängen um Umstände, die auf das Einwirken von äußeren Einflüssen zurückzuführen und nicht als persönliche Stellungnahmen zu werten sind. Die hervorgerufenen Reaktionen haben somit keinen inhaltlichen Wert und steuern einer Kommunikation nicht zu. Die betroffene Person nimmt an keinem Sender-Empfänger-Modell teil, sondern erfährt in einem passiven Status eine aktive Veränderung am eigenen Körper.

2.3.15 Unbewusste nonverbale Kommunikation

Menschen können ihre Reaktionen, Ahnungen oder Ängste oft nicht beschreiben. Es wird folglich desöfteren gesagt, dass man seiner inneren Stimme nachgegangen sei. Der Ursprung bzw. der tatsächliche Auslöser ihrer Handlung ist ihnen nicht bekannt. Diese Vorgänge sind auf die unbewusste Aufnahme und somit auch die unbewusste Verarbeitung von Informationen zurückzuführen. Unbewusst nehmen z.B. Hintergrundmusik in Kaufhäusern oder die Zusammensetzung der Luft in verschiedenen Jahreszeiten direkten Einfluss auf unser Verhalten. Nach dem Verständnis des Neuro-Linguistischen Programmierens werden in beiden Fällen bereits gespeicherte Gemütszustände oder Erinnerungen zu den jeweiligen Reizen unbewusst abgerufen. Somit haben die Erfahrungen aus der Vergangenheit direkten Einfluss auf den gegenwärtigen Zustand bzw. auf die Handlung des Individuums.

Diese Vorgänge, bei denen man von einem Instinktverhalten spricht, haben ihren Ursprung in dem menschlichen Reptiliengehirn (vgl. Sunderland, 2007). Durch ein direktes Abfragen von Gefühlszuständen kann der Mediator die Stimmung des Medianten aktiv steuern und den Verfahrensablauf beeinflussen. Steckt der Mediant zum Beispiel während des Verfahrens in einem Stimmungstief, kann der Mediator einen Gefühlszustand mit einer positiven emotionalen Belegung abrufen. Somit wird der Mediant intern positiv konditioniert und idealer Weise aus der Blockade herausgeführt.

2.3.16 Nichtsteuerbare nonverbale Kommunikation

Eine weitere Stufe der Mitteilung an die Umwelt wird unter dem Begriff: Nichtsteuerbare nonverbale Kommunikation behandelt. Hierbei spricht man über Signale, deren Sendung nicht steuerbar sind. Es handelt sich daher um Prozesse, die ebenfalls unbewusst, möglicherweise auch im Bereich der Primärreaktionen, ablaufen. Diese Nachrichten haben einen wichtigen informativen Charakter. Der Kommunikationspartner erhält profunde Aufschlüsse bezüglich interner Vorgänge. Als Beispiel gelten hier die Prozesse des Schwitzens, der Erhöhung des Pulsschlages, Hautrötungen und die Erweiterung der Pupillen. Diese Veränderungsprozesse sind, entgegen dem allgemeinen Glauben, keine Schwächeanzeichen. Sie bereiten den Körper auf eine erhöhte Funktionalität vor. Vergleichbar ist das Lockern der Krawatte während einer Konferenz. Für den Empfänger dieser Nachrichten ist es von großem Vorteil, solche Informationen decodieren zu können. Auf diese Weise wird es möglich, auf sensiblem Wege mit dem Kommunikationspartner so umzugehen, wie er es in diesem Augenblick benötigt. Man kann sich also auf seinen jeweiligen Zustand einstellen und prozessfördernd handeln.

2.3.17 Bewusste nonverbale Kommunikation

Die menschliche Fähigkeit zu gestikulieren wird anhand der Arme, Hände, Beine und Füße vollzogen. Das Kommunikationsmuster der Mimik ist auf das Gesicht beschränkt. Auf dem Gebiet der Gestik und Mimik gibt es vielerlei Äußerungen, die inhaltlich so reich an Informationen sind, dass Worte oft nichts Notwendiges ergänzen können. Das Erkennen und Verstehen dieser Mitteilungen ist ein wichtiger Bestandteil einer jeden kulturellen Codierung und findet daher als Selbstverständlichkeit ununterbrochen statt. Kulturell und territorial sind diese Codierungen inhaltlich oft anders belegt (vgl. Krämer, Quappe, 2006). Demzufolge ist von Übertragungen stets abzusehen. Wenn die nonverbalen Kommunikationsmuster verstanden werden, kann der bewusste Einsatz, z.B. während einer Verhandlung oder eines Verkaufsgespräches, zum Bestandteil der Erfolgsstrategie gehören. Es sollte hierbei in drei Teilbereiche des Einsatzes unterschieden werden. Bestimmte Tätigungen können den verbalen Inhalt eines Gespräches unterstützen, so z.B. ein Nicken als betonte positive Bestätigung. Auf gleichem Wege verhält sich des Kopfschütteln als unterstrichene negative Meldung.

Schwieriger gestaltet sich der Sachverhalt, wenn die verbale Botschaft mit der nonverbalen inhaltlich nicht übereinstimmt. Jenes kann eine bewusst angewandte Technik der Verwirrung sein oder zur Prüfung der Aufmerksamkeit dienen. Eine neue Definition erhält das Gestikulieren in dem Bereich der Gebärdensprache. Hier wird der nonverbale Bestandteil nicht als Zweitinformationsträger bezeichnet, sondern tritt an erste Stelle. Inhaltlich wird die Mimik, Gestikulation und sonstige Verhaltensmuster jedoch anders mit Informationen belegt als in dem verbalen Sprachmuster. Die Wahl der Kleidung ist dagegen ebenso kommunikativ und informativ belegt und bildet oft einen bewussten Bestandteil einer gezielten kommunikativen Kodierung. Die Aussage "Kleider machen Leute" ist ein Hinweis auf die

Wahrnehmung nonverbaler Informationsträger. Über die äußerliche Gestaltung des Menschen können unter anderem Informationen über die Persönlichkeit oder über die Zugehörigkeit zu einer Berufsgruppe weitergegeben werden.

2.3.18 Das Selbstverständnis der Distanz

Abstände beinhalten eine wichtige Information im alltäglichen Leben eines Menschen. Sie veranlassen meist unbewusst das Entstehen eines positiven oder negativen Gefühls. Das Stammhirn des Menschen, auch Reptiliengehirn genannt, entscheidet über Gefahr und Sicherheit. Es entsteht ein Wohlbefinden oder Unwohlbefinden, Ruhe oder Nervosität, ein Stehenbleiben oder das Ergreifen der Flucht. Der Intimbereich eines Menschen wird auf eine Distanz von ca. einem Meter definiert. Die Nahdistanz beträgt bis zu drei Meter und die öffentliche Distanz dementsprechend über drei Meter. Jeder Mensch definiert unbewusst diese Abstände neu und entscheidend, welche Bezugsperson sich in welchem Terrain aufzuhalten hat. Bei der Kontaktaufnahme zu einem Menschen wird unbewusst die Beziehungsebene zu dieser Person abgefragt. Dementsprechend erfolgt eine Zuordnung zu einem Kommunikationsbereich. Solange sich eine Person in dem zugeordneten Bereich aufhält, bleibt der sensible Handlungsrahmen bestehen. Entsprechende Veränderungen dieser Distanzzuordnungen werden registriert, analysiert und es folgen bewusste und unbewusste Reaktionen. So kann der Wechsel aus der Nahdistanz in den Intimbereich als Angriff und das Verlassen in Richtung öffentlicher Distanz als defensives Verhalten des Kommunikationspartners gedeutet werden. Diese Wahrnehmungen haben sich aus dem evolutionären Selbstverständnis entwickelt und dienen dem Schutz des Individuums. Kulturell unterscheiden sich diese Zonen und erhalten innerhalb der Gesellschaft eine neue Zuordnung.

2.3.19 Die Methode und Anwendung des Kalibrierens

Unter Kalibrieren versteht man das Deuten und Wiedererkennen von inneren Vorgängen. Dieses geschieht zunächst durch das Beobachten bzw. Wahrnehmen von wiederholten äußeren Körpersignalen. Diese spezifischen Signale, die jeden Kommunikationsvorgang begleiten, werden von dem Kommunikationspartner meistens unbewusst gesendet. Im Bereich des Neuro-Linguistische Programmierens wird davon ausgegangen, dass innere Prozesse durch äußerlich wahrnehmbare Gesten begleitet und erkennbar werden. Diese äußerlichen Informationen werden von dem Betrachter gespeichert und mit den Zusammenhängen der internen Verarbeitung des Sachverhaltes, des Diskussionsthemas oder des Gemütszustandes der Person abgeglichen. Durch das wiederholte Auftreten der gleichen Körpersignale und einer entsprechenden Verkettung vom inneren Vorgang und den äußerlich wahrnehmbaren Signalen können Rückschlüsse auf die inneren Abhandlungen getroffen werden. Alexa Mohl schreibt dazu: „Kalibrieren unterscheidet sich von Interpretieren dadurch, dass jenes mit bewußter Sorgfalt durchgeführt wird und deshalb mehr Sicherheit schafft als dieses." (Mohl, 2006, 28).

Das geschieht, ohne dass die sendende Person den persönlichen, inneren Zustand bewusst offengelegt hat. Das innere Bild, der innere Zustand oder der interne Prozess wird somit äußerlich erkennbar. Für die Mediation hat das Erkennen von internen Prozessen eine große Wichtigkeit. Dem Mediator hilft dieses Wissen bei der Lösung von Kommunikations- oder Verfahrensblockaden und lässt bei verschleierten Botschaften stets den wirklichen emotionalen Zustand des Senders bzw. den Unterton der Botschaft erahnen. Der Mediator kann auf diese Weise lösungsbezogener den Medianten von seinem Standpunkt abholen oder gezielter vereinbarungsfördernde Fragen stellen.

2.3.20 Rapport

Unter Rapport versteht man den Zustand der verbalen und nonverbalen Aufnahme eines Kontaktes oder einer Verbindung zwischen Menschen. Alexa Mohl dazu: „Rapport ist eine Beziehung zwischen zwei Menschen, die durch gegenseitige Achtung und Vertrauen gekennzeichnet ist." (Mohl, 2006, S. 55). Treten Menschen miteinander in Kontakt, so können sie von Natur aus auf eine Art und Weise miteinander umgehen, sodass die Verständigung funktioniert, effektiv und klar ist. In diesem Fall würde man sagen, sie kommunizieren auf der gleichen Ebene. Wenn die Kommunikationsmodelle der Beteiligten jedoch unterschiedlich sind, passt sich in der Regel ihre verbale und nonverbale Kommunikationsform, meist unbewusst, einander an (vgl. Erdmann, 2008). Je positiver der Kontakt durch den Einzelnen bewertet wird, desto stärker findet die individuelle Anpassung an den Kommunikationspartner statt. Auf der verbalen Ebene äußert sich dieses in der Verwendung ähnlicher Worte bzw. Redewendungen, der gleicher Sprechgeschwindigkeit sowie derselben Tonlage, in einer angepassten Sprachlautstärke sowie Sprachrhythmik. Nonverbal zeigt sich dieses Verhalten bzw. diese Beziehung in der Anpassung und Synchronisation von Gestik und Mimik. Besteht ein Rapport, so neigen Menschen dazu, sich tendenziell positiv zu bewerten, sich eher zu vertrauen und Gesagtes weniger kritisch aufzunehmen. Der Mensch verfügt von Geburt an über die Fähigkeit, einen Rapport herzustellen. Dies geschieht oft unbewusst und daher wird diese Fähigkeit generell verkannt. Durch das bewusste Nutzen der Rapportformeln, können Kommunikationsabläufe gesteuert bzw. beeinflusst werden. Rapport wird über das einfühlsame und diskrete Übernehmen bzw. Spiegeln der Körpersprache oder dem Sprachmuster des anderen hergestellt. Wird jenes zu offensichtlich getan, wirkt dieses Verhalten als plumpes Nachmachen. Ein solches Kopieren wird schnell als persönlicher Angriff und Nichtachtung interpretiert. Die funktionierende Kommunikation würde auf diese Weise in eine Blockade umgewandelt werden.

Um dezent und erfolgreich zu arbeiten, sollte man die Essenz des Spiegelns genau verstehen. Es ist nicht nötig, sämtliche Bewegungsabläufe direkt zu übernehmen. Dieses ist für ungeübte Anwender eine sehr große Herausforderung. Routinierte Praktiker können die direkte Spiegelung von Bewegungen und Haltungen geschickt überspielen. Armbewegungen können z.B. mit Handbewegungen übernommen werden und ein monotones Tippen des Fußes mit einer konstanten Bewegungsfolge des Fingers gespiegelt werden. In diesem Fall erfolgt die Herstellung eines Rapports über ein verschobenes Spiegeln. Das Spiegeln der Stimme, der Tonart, der Geschwindigkeit, der Lautstärke und des Sprachrhythmus sind ebenso wirksame Werkzeuge, um einen Rapport aufzubauen. Mit einem hergestellten Rapport wird die Aufmerksamkeit fokussiert und die Aufnahmefähigkeit erhöht. Der Gesprächspartner wird voll und ganz in das Gespräch eingebunden. Das weitere Vorgehen kann nun durch Pacing und Leading beeinflusst werden. Ein bestehender Rapport bzw. Bezug zwischen zwei oder mehreren Kommunikationspartnern kann unabsichtlich oder aber auch gezielt beendet werden. Ungewollte Rapportverluste geschehen meistens durch äußerlich auftretende Umstände, welche den Kommunikationablauf stören. Eine innerliche Ursache kann eine geistige Abwesenheit des Gesprächspartners sein. Es eröffnen sich dem Mediator an dieser Stelle zwei Möglichkeiten:

1. Er baut den Rapport schnell wieder auf und steigt in das Verfahren bei dem letzten behandelten Punkt vor der Abwesenheit ein, oder

2. er führt ein kurzes Krisenmanagement durch und erarbeitet bzw. deckt die Ursachen der Blockade auf.

Bewusst wird ein Rapport beendet, indem die angenommenen Kommunikationsmuster aufgehoben und entgegengesetzte Verhaltensmuster präsentiert werden. Dieses sogenannte Mismatching kann die Einleitung für die Beendung einer Sitzung bzw. eines Themas sein. Es kann auf diese Weise auch eine persönliche Distanzierung bezüglich des sachlichen Inhaltes oder des entgegengesetzten Kommunikationsmusters signalisiert werden.

2.3.21 Pacing

Unter Pacing versteht man das inhaltliche und emotionale Begleiten des Kommunikationspartners. Seine verbalen und physischen Kommunikationsmuster werden gespiegelt und somit vom Sender unbewusst als inhaltlich verstanden erkannt (vgl. Erdmann, 2007). Der Gesprächspartner erhält auf diese Weise eine ungeteilte Aufmerksamkeit, die ihn auf eine persönliche und sachbezogene Akzeptanz des Gesprächspartners schließen lässt. Auf diesem Wege wird der individuellen Wahrheit eines Menschens die gewünschte Existenzberechtigung zugesprochen. Seine subjektive Ansicht der Realität erhält einen Platz und die geforderte Anerkennung in dem Weltbild der Allgemeinheit. Diese Akzeptanz sowie das emotionale und sachliche Mitgehen erzeugt ein profundes Gefühl des Vertrauens. Auf der Basis dieses Vertrauens, kann nun das Gespräch mit Hilfe des Leadings umgestaltet werden. Frau Alexa Mohl stellt fest: „Funktionierendes Pacing ist aber nicht nur die Grundlage für Rapport, sondern auch die Voraussetzung für einen Veränderungprozeß." (Mohl, 2006, S.60).

2.3.22 Leading

Durch die Vorarbeit des Rapports sowie des Pacings eröffnet sich die Möglichkeit, den weiteren Kommunikationsverlauf durch die Techniken des Führens zu beeinflussen. Benutzt werden dabei sämtliche bereits bekannte Kommunikationstechniken. Sie werden nun jedoch nicht mehr ausschließlich übernommen und gespiegelt, sondern werden bewusst für den Veränderungsprozess eingesetzt. Nachdem der Bezug zwischen den Kommunikationspartnern und dem Mediator hergestellt und der Gesprächspartner von seinem Standpunkt abgeholt wurde, verlässt man nun die spiegelnde Position und nimmt als Vorreiter einen neuen Kommunikationsstandpunkt, eine neue Körperhaltung oder ein neues Sprachmuster an. Dieser neue Standpunkt dient somit als Vorgabe, an welche der Gesprächspartner sich im Idealfall nun unbewusst anpasst. Gemäß dieser Vorgabe steuert der Konfliktberater den Kommunikationsverlauf auf eine neue Ebene bzw. geht neue Wege. Durch einen verlangsamten Sprachrhythmus kann eine Situation zum Beispiel entschleunigt werden, ein schnelleres Tempo kann die Gesprächsführung verschärfen. Der veränderte Tonfall sowie die gesteigerte oder verminderte Lautstärke können Ruhe in das Gespräch bringen bzw. den Verlauf anregen. Ein Mittel um eine Distanz aufzubauen, Interesse zu zeigen und den Partner zu motivieren ist das Führen durch die entsprechende Körperhaltung. Als Geheimnis des Erfolges wird unter anderem die Spiegelung und Veränderung der Atemgeschwindigkeit angesehen.

2.3.23 Future-Pace - Der Blick in die Zukunft

Unter Future-Pace wird der mentale Transport von Lösungen bzw. Lösungsansätzen in die Zukunft und eine damit verbundene inhaltliche Prüfung verstanden. Alexa Mohl äußert sich in folgender Weise: „Die einfachste Möglichkeit, eine Veränderung für die Zukunft zu sichern, besteht darin, den Gesprächspartner zu veranlassen, eine zukünftige Situation in seinem Leben auszumachen, in der er diese Veränderung für ein erfolgreiches Vorgehen braucht, in diese Situation hineinzugehen und sie gemäß der erarbeiteten Veränderung zu erleben." (Mohl, 2006, S. 141). Der Mediant soll auf diesem Wege die Lösungen bzw. die Veränderungen mental durchspielen und ein emotionales Erfolgserlebnis dabei erfahren. Bilder, Gerüche, Klänge, Farben und Gefühle werden abgefragt, mit dem möglichen Erfolg in Verbindung gesetzt und als Anker gespeichert. Diese Anker können im weiterführenden Verfahren erneut als motivierende Faktoren eingesetzt werden. Für die verfahrensanhängige Umsetzung der Lösung bedeutet dies, dass das erarbeitete Lösungskonzept mental und emotional bereits bekannt ist (vgl. Mohl, 2006). Daher wird von dem Medianten in dieser Phase kein Neuland begangen. Alles ist bereits, während des Verfahrens, als erfolgreiches Vorgehen erlebt und verankert worden. Durch dieses vertraute Empfinden wird dem Medianten nachhaltig das Gefühl vermittelt, dass die Lösung in ihm schlummerte bzw. von ihm selber gefunden und umgesetzt wurde.

2.3.24 Satzbau

Da die Anwendung der Sprache ein fundamentaler Baustein des Verfahrens ist, sollte im Rahmen des Satzbaus genau auf die Verwendung und die entsprechende inhaltliche Auswirkung von Sätzen mit „und" bzw. „aber" sowie Botschaften mit „ich" und „du" geachtet werden. Diesbezüglich wird in Verbindung mi dem Neuro-Linguistischen Programmieren gesagt, dass Und-Sätze den Redefluss begleiten bzw. den

Sachverhalt inhaltlich erweitern. Aber-Sätze haben dagegen einen überzeugenden oder zweifelnden Charakter und stellen die Äußerungen in Frage.

Im Gegensatz dazu, stellen Ich- und Du-Botschaften einen grundlegenden Bestandteil eines jeden Gespräches dar. Grundsätzlich unterscheiden sie sich jedoch inhaltlich. Ich-Botschaften weisen Zweitperson inhaltlich keinerlei Schuld zu. Der Gesprächspartner wird somit nicht persönlich angegriffen. Der Sender übernimmt thematische Eigenverantwortung und schafft Raum für einen ruhigen und respektvollen Meinungsaustausch. Durch das Beziehen auf die eigene Person findet eine Entschleunigung der Streitsituation statt. Die eigene Meinung und die persönliche Sicht der Dinge wird dem Gesprächspartner offenbart. Ich-Botschaften sind Äußerungen, welche die eigene Meinung und die eigenen Gefühle mitteilen und daher als Selbstoffenbarungen angesehen und wirksam werden. Richtig angewandte Ich-Botschaften sind eine wirksame Methode der De-eskalation von brisanten Situationen. Da kein Angriff und keine Schuldzuweisung stattfindet, kann der Angesprochene problemlos der Information des Senders zustimmen bzw. gedanklich nachgehen, ohne sich verteidigen zu müssen. Der Sender zeigt und offenbart in seiner Ich-Botschaft Schwächen, Gefühle und persönliche Ansichten. Durch diese Offenbarung treffen sich die Beteiligten auf einer vertrauensvollen Ebene, auf welcher neben dem sachlichen Bezug auch Platz für Menschlichkeit ist. Durch diese innige Gesprächsverbindung wird in der Regel von dem Empfänger der ersten Offenbarung nun ebenfalls eine Ich-Botschaft als Antwort gesendet.

Du-Botschaften dagegen sind eine eindeutige Offensive und bewerten die andere Person, ihre Taten und führen oft zu energischen Gegenreaktionen. Der Standpunkt und oft die Person als Ganzes wird auf diesem Weg angegriffen. Der Betroffene sieht sich somit im Handlungszwang und aufgerufen, sich zu verteidigen. Innerhalb eines Konfliktes führen Du-Botschaften schnell zum offenen Schlagabtausch, und zügig kann sich eine Blockade für den Prozess der Lösungsfindung einstellen.

2.3.25 Inhaltliches Abgleichen durch Paraphrasierung / Loopen

Unter dem Begriff „Paraphrasieren" oder „Loopen" versteht man in der Welt des Neuro-Linguistischen Programmierens das verbale Wiedergeben und inhaltliche Zusammenfassen einer Nachricht. Innerhalb der Mediation bedeutet es, dass der Mediator am Ende einer Stellungnahme des Medianten den Sachverhalt kurz mit seinen eigenen Worten zusammenfasst und darstellt. Es wird dem Sender somit gezeigt, wie die Information bei dem Empfänger angekommen ist. Dem Nachrichtensender soll versichert werden, dass der Kern der Aussage von dem Kommunikationspartner richtig verstanden wurde. Ein weiterer empfundener Vorteil ist, dass der Mediant auf diesem Wege seine eigene Stellungnahme mit den Worten eines Anderen hören kann und sich somit reflexiv mit seinen eignen Ansichten konfrontiert sieht. Durch eine inhaltliche Wiedergabe stellt der Mediator ebenfalls für sich selber sicher, dass er die Äußerung des Medianten korrekt verstanden hat. Dabei wird die gesprochene Information ohne inhaltliche Veränderung und Wertung kurz mit den eigenen Worten zusammengefasst. Es können hierbei Gefühlszustände und / oder die spezifischen Aussagen des Senders ungeändert wiedergegeben werden. Durch häufiges inhaltliches Nachfragen oder kurzes Bestätigen während des Sendens einer Botschaft und durch das hier beschriebene Loopen wird dem Medianten vermittelt, dass der Mediator bzw. sein Gesprächspartner ihn und seine Situation ernst nimmt und versteht.

2.3.26 Positive Spiegelung / Reframen

Der Begriff des Reframens entstammt der englischen Sprache und bezeichnet den Vorgang des Umdeutens. Anhand einer inhaltlichen Umdeutung wird dem mitgeteilten Sachverhalt ein neuer Rahmen zugewiesen. Es findet eine positive Darstellung von einem negativen Umstand statt. Alexa Mohl beschreibt dies so: „ Beim inhaltlichen Reframing geht es immer darum, ein Gefühl, ein Verhalten, einen Umstand oder ein Geschehen, das ein anderer beklagt, positiv umzudeuten." (Mohl, 2006, S. 192). Man positioniert den mitgeteilten Sachverhalt in einem neuen, positiven Rahmen und teilt dem Sender ebenso mit, dass und wie die Information von dem Empfänger verstanden wurde. All dies geschieht durch das bereits bekannte Loopen. Die tatsächliche inhaltliche Erweiterung des Loopens besteht darin, dass die Botschaft durch das Umformulieren einen neuen Unterton erhält und somit positiv zu deuten ist. Das bedeutet, dass inhaltlich keine Veränderung stattfindet, sondern die Art und Weise der Betrachtung sich ändert. Daher der Begriff des Reframens bzw. der Neu-Rahmung. Liegen während des Verfahrens Blockaden vor, die auf ein emotionales Tief zurückzuführen sind, kann das Reframen eine Möglichkeit der Überwindung und der Lösung sein. Um den Medianten optimal aus seinem Tief herauszuführen, sollte erst versucht werden, ihn auf körperlicher Ebene zu spiegeln, um anschließend das verbale Reframen durchzuführen.

2.3.27 Six-Step-Reframing

Eine sehr wirksame Technik gegen Blockaden ist ein effektives Krisenmanagement. Dieses ist folgend anhand eines Beispiels dargestellt und wird Six-Step-Reframing genannt. Inhaltlich bestätigt es den Medianten in seiner Position und gesteht ihm seinen Standpunkt zu. Mittels weniger Schritte wird ein Vorteil erarbeitet bzw. Alternativen freigelegt.

1) Mediant: Ich habe das Problem X.
2) Mediator: Welchen Vorteil sehen Sie für sich aufgrund Ihres persönlichen Verhaltens?
3) Mediant: Ich schütze mich.
4) Mediator: Wie können Sie sich auf einem anderen Weg ebenso schützen?
5) Mediant: Ich könnte A, B oder C tun.
6) Mediator: Gibt es Einwände gegen A, B oder C?

2.3.28 Gender - Die Rolle des Geschlechtes

Gender bezeichnet die Rolle des Geschlechtes einer Person oder einer Gruppe in unserem sozialen Miteinander. Unbewusst übt die Präsenz des gleichen oder des anderen Geschlechtes in bestimmten Situationen eine beeinflussende Wirkung aus. Bei Scheidungen ist daher eine zweigeschlechtliche Co-Mediation ratsam. Co-Mediation bedeutet, das die Verhandlung durch ein Team von Mediatoren geleitet wird, in diesem Fall wäre es für die Medianten von großer Wichtigkeit, dass beide Geschlechter in dem Beratungsteam vertreten sind. Aufgrund der Anwesenheit des gleichen Geschlechtes, fühlen sich die einzelnen Medianten aufgehoben und verstanden. Wird dieses Wissen inteligent in das Verfahren integriert, so können weitaus größere Vorteile erarbeitet werden, als auf den ersten Blick sichtbar erscheinen. Hierbei geht es nun darum, dass sich zwei direkt gegenübersitzende Männer als Feinde oder Konkurenten sehen und somit unbewusst und ungewollt Unruhe in das Verfahren bringen. Nebeneinander bzw. über Kreuz angeordnet wird wiederum eine Einheit empfunden, es besteht ein geschützter Raum. Die entstehende harmonische Grundschwingung fördert einen besseren Kontakt und bewirkt eine bessere Kommunikation. Die Geschlechtergruppen sollten versetzt zu einander Platz nehmen. Wenn sich der Mediator aus dem Bezugsfeld des Kreuzmodells verbal löst, um mit dem direkt gegenübersitzenden Medianten zu sprechen, muss der Kontakt über die Körperspiegelung zu dem verschoben sitzenden Medianten gehalten werden.

2.3.29 Die Relevanz der systemischen Fragen

Um die Medianten zu eigenen Stellungnahmen zu motivieren und zur individuellen Aufarbeitung des Kontextes anzuregen, muss der Redefluss von der Seite des Mediators angeregt und erhalten werden.

Dieses kann durch den gezielten Einsatz von „offenen und geschlossenen" Fragen geschehen. Diese beiden Formen der Fragestellung beinhalten ein großes Potential an Gesprächsführung bzw. ermöglichen es dem Mediator, den Redefluss und die Art der Antwort zu steuern. Unter offenen Fragen versteht man den Einsatz einer Investigationstechnik, die den Gesprächspartner in seiner Anteilnahme am Gespräch fördert. Es wird ihm die Möglichkeit gegeben, in seiner Antwort den persönlichen Standpunkt darzustellen. Die offenen Fragen beginnen mit dem Buchstaben „W" und werden daher auch W-Fragen genannt. Soll ein Zusammenhang umfassend verstanden werden oder benötigt man Hintergrundsinformationen bezüglich eines Geschehnisses, werden oft folgende Frage in dargestellter Reihenfolge positioniert:

Was geschah?

Wer ist beteiligt?

Wo geschah es?

Wann geschah es?

Wie geschah es?

Warum geschah es?

Offene oder systemische Fragen bringen den Gesprächspartner zum nachdenken. Er muss sich die Antworten erarbeiten und sich mental mit dem Thema auseinandersetzen. Daher wird die Zeit, die der Klient für das Finden der Antworten benötigt, als „Heilige Zeit" gesehen. Der Mediator wartet bis die Antwort formuliert und mitgeteilt wurde. In dem Bereich des integrierten Neuro-Linguistischen Programmierens in den Prozess der Mediation ist es wichtig, dem Mediateten diese Zeit einzuräumen. Es handelt sich hierbei um die reale Zeit, die der Befragte benötigt, um intern das Thema aufzuarbeiten, um sich mit der Situation auseinanderzusetzen, um eine Antwort zu formulieren und um diese dem Gesprächspartner als anschließende Stellungnahme mitzuteilen. In emotionalen Momenten und generell im Krisenmanagement wird mit solch einer Frage viel von dem Kommunikationspartner verlangt. Die passende Intonation während der Fragestellung verdeutlicht die Anteilnahme und Beteiligung des Investigierenden an dem Sachverhalt. Diese sollte der Situation angepasst werden und in sich mit der eigentlichen Frage stimmig sein. Sämtliche Widersprüche würden an dieser Stelle des Gespräches ihr Ziel verfehlen. Der Sinn der W-Fragen ist es, Informationen zu erhalten und bewusst den Befragten in der Auseinandersetzung mit dem Thema zu steuern. Eine Antwort auf eine solche Frage stellt wahrscheinlich eine Selbstoffenbarung des Antwortenden dar. Dementsprechend sollte diese Stellungnahme auch wertgeschätzt werden.

Bei der Inanspruchnahme von geschlossenen Fragen kann der Gesprächspartner mit Ja oder Nein antworten, konkrete Namen oder z.B. Ortsangaben nennen. Es gibt in diesem Fragemodell keine Möglichkeit der persönlichen Darstellung von Ansichten. Der Dialog ist auf einen minimalen Inhalt reduziert und auf Fakten beschränkt. Diese geschlossenen Fragen sind ein wichtiges Werkzeug für die Steuerung des Gespräches. Sie eignen sich für eine eventuell nötige Verschärfung des Verhandlungstones oder für das Einholen kurzer Bestätigungen und Stellungnahmen.

2.3.30 Generalisierung

Der Einsatz von Generalisierungen, d.h. Verallgemeinerungen im herkömmlichen Sprachgebrauch, erfolgt meist ohne eine tiefere Analyse bezüglich der tatsächlichen inhaltlichen Bedeutung. Generalisierungen können während eines Dialoges einen emotional belasteten Gesprächsteilnehmer von seiner Position abholen und ihm helfen, sich am Verfahren zu beteiligen. Sie reflektieren inhaltlich einen Normalzustand und stellen der sendenden Person dar, dass der Umstand oder das Vorgehen bereits von einer anderen Seite her bekannt ist (vgl. Mohl, 2006).

Findet eine persönliche Offenbarung statt oder ist der Mediant schwer emotional belastet, kann eine Generalisierung in Form eines kurzen Einwurfes den Medianten von seinem Tief abholen bzw. bestätigen. Die geschilderte Situation wird inhaltlich auf die Allgemeinheit übertragen. Auf diese Weise wird der Sprecher aus seiner isolierten Position herausgeführt und in ein fiktives normales Umfeld integriert. Generalisierungen können allerdings ebenso als offensive Verallgemeinerung wirken. Hierbei werden meist einzelne Tatbestände auf eine größere Gruppe übertragen. Bei solch einer Übertragung wird den zugeordneten Gruppenanhängern oft unrecht getan. Das persönliche Sprachmodell und die individuelle Wortwahl einer Person kann eine Vielzahl von Informationen preisgeben. Für den Mediator offenbart sich hier ein sehr persönliches Gedankenkonstrukt, welches zu analysieren oder zu hinterfragen ist. Generalisierungen treten oft in Form von Haupt- und Sammelbegriffen auf. Sie beinhalten eine Anzahl von Ansichten, die im übertragenen Sinne als Verallgemeinerung gelten. Diese Ansichten können inhaltliche Untergruppen oder auf ein Fragment bezogene persönliche Erfahrungen darstellen. Die gespeicherten Erfahrungen werden in Form von Verallgemeinerungen während eines Denk- oder Kommunikationsvorganges auf einen neuen Sachverhalt umgedeutet bzw. übertragen.

2.3.31 Gewaltfreie Kommunikation

„Gewaltfreie Kommunikation" ist eine Konfliktbeilegungs- und Kommunikationsmethode, die auf einen friedlichen aber dennoch kritischen Informationsaustausch ausgerichtet ist. Der Prozess bzw. die Anwendung der „Gewaltfreien Kommunikation" entstammt den Grundzügen der Gesprächstherapie (vgl. Rosenberg, 2007). Mittelpunkt und Herzstück dieser Anwendung ist das aktive Zuhören sowie die anschließende Art der persönlichen Mitteilung. Der grundlegende Gedanke ist, dass sich eine strukturierte Kommunikation präventiv und mildernd bezüglich eines Konfliktes auswirkt. Durch das aktive Zuhören sowie durch das Anwenden sämtlicher motivierender Kommunikationstechniken treffen sich die Kommunikationspartner auf einer Ebene, und es entsteht ein Raum der Verfahrenssicherheit. In dieser empfundenen Geborgenheit gibt es für die Beteiligten die Möglichkeit, die hinter den Sichtweisen oder Blockaden steckenden Bedürfnisse aufzudecken und zu behandeln. Die „Gewaltfreie Kommunikation" ist zum Großteil schon allein deshalb gewaltfrei, weil der gefährliche Konfliktmotor, nämlich die Bewertung des Anderen, entfällt. Es folgt eine konzeptionelle Darstellung des Phasenmodells und dessen Inhalte. Das Konzept der gewaltfreien Kommunikation wird hier in einem vereinfachten 4-Phasenmodell dargestellt, dass sich für die Anwendung in der Mediation eignet.

1) Die Phase der Beobachtung

In der ersten Phase wird ein Sachverhalt bzw. eine Blockade aus der Meta-Ebene in Form einer wertfreien Beobachtung beschrieben. In diesem Abschnitt soll ein Vorgang möglichst objektiv dargestellt werden, ohne den Gesprächspartner direkt anzusprechen. Auf diese Weise möge der Empfänger nicht zum aktiven Bestandteil des Problems werden, sondern auch in seiner Position auf der Meta-Ebene verharren. Eine direkte Anrede würde vom Unterbewusstsein als Angriff gedeutet werden und eine nicht zielführende Verteidigungshandlung veranlassen.

2) Die Phase des Gefühls

Nachdem die Darlegung des Sachverhaltes abgeschlossen ist, werden die persönlichen Gefühle und Sichtweisen offenbart und in Bezug mit dem Diskussionsgegenstand gebracht. Diese Offenbarung und Verantwortungsübernahme der persönlichen Gefühle schafft eine Vertrauensebene. Durch die Öffnung und Darlegung des persönlichen emotionalen Standpunktes und die daraus folgende mögliche persönliche Verletzbarkeit, erkennt die andere beteiligte Partei, dass ein starres und schützendes Verharren auf dem eigenen Standpunkt nicht nötig ist. Es findet ein Treffen beider Seiten auf der Vertrauensebene statt. Fremde Gefühle können an dieser Stelle auch direkt abgefragt werden.

3) Die Phase des Bedürfnisses

Ist dieser Rahmen abgesteckt und besteht ein starker vertrauensvoller Bezug zueinander, so werden nun die hinter den Gefühlen stehenden persönlichen Bedürfnisse und Wünsche offenbart. Dabei werden nicht nur die eigenen Bedürfnisse vorgetragen, sondern auch die Bedürfnisse der anderen Seite abgefragt.

4) Die Phase des Bittens

In der letzten Phase wird um eine konkrete nachhaltige bzw. zukünftige Handlung gebeten. Um diese Bitte besser verständlich zu formulieren, werden die persönlichen Gefühle, Bedürfnisse und Sichtweisen in sie integriert. Bitten sollten stets einen positiven Unterton haben und den Gesprächspartner nicht zu Handlungen zwingen oder direkt antreiben. Dem Empfänger wird keine konkrete Tat vorgegeben, sondern geschildert, was man sich selber, persönlich von ihm erhofft. Um Missverständnisse auszuräumen, sollten die Bitten so deutlich und persönlich wie möglich formuliert werden.

2.3.32 Gewaltfördernde Kommunikation

Im Gegensatz zu der „Gewaltfreien Kommunikation" ist die „Gewaltfördernde Kommunikation" zu nennen (vgl. Erdmann, 2008). Unter ihr versteht man sämtliche Kommunikationsmodelle, die zu körperlichen oder mentalen Gewaltakten bzw. zu aggressiven Reaktionen führen. Die gewaltfördernde Kommunikation kann unbewusst oder bewusst als Kommunikationsstrategie eingesetzt werden. In sozialen Zusammenschlüssen eskalieren Situationen allerdings häufig aufgrund folgender drei Vorfälle:

1) Menschen werden fehlbeurteilt

Der Vorgang des Fehlbeurteilens von Personen knüpft sich oft an eine bestehende Unkenntnis bezüglich der Person oder einer Sachlage an, geht von Ignoranz und Intoleranz aus oder ist einfach an das Gefühl des Ärgers und der Wut gebunden. Das Verhalten des Beobachteten, seine Äußerungen oder sein persönliches Auftreten wird von dem Urteilenden subjektiv betrachtet bzw. analysiert, und aus dem folgenden Ergebnis wird eine entsprechende verfremdete Realität geformt und zugeordnet. Der Betroffene sieht sich in seiner Autorität angegriffen und muss nun, um sich persönlich zu verteidigen, reagieren. Da er sich in seiner Person angegriffen fühlt, geschieht das oft in Form eines irrationalen Gegenangriffes.

2) Verantwortungsleugnung

Eine oft angewandte Form der „Gewaltfördernden Kommunikation" ist das Leugnen von Verantwortung bezüglich eigener Taten und Reaktionen. Schnell wird die Verantwortung für Aktionen und für Gefühle ausgelagert, um somit die Ursache und Schuld bei anderen

Personen zu suchen. Die Zuordnung von Fremdverantwortung gleicht der Anklage eines anderen Individuums. Der Ankläger sieht sich selber in der Position eines Opfers und möchte sich daher entlasten. Die Verantwortungsleugnung und Zuordnung geschieht meistens durch den Gebrauch von Du-Botschaften.

3) Die Formulierung von Forderungen

Das Formulieren von Forderungen ist als ein aggressiver Vorgang während eines Gespräches zu deuten. Der Empfänger der Botschaft sieht sich sofort in einer Bringschuld. Er muss der Forderung nachkommen.

3. Erhebung

3.1 Darstellung der Hypothese

Bei der Mediation handelt es sich um ein Verfahrenskonstrukt, dass aufgrund eines Phasenmodells und einem Verfahrenskodex Konfliktsituationen mit dem Ziel einer gemeinsamen Vereinbarungsfindung aufarbeitet. Die genannten Techniken des Neuro-Linguistische Programmierens stellen kommunikationsfördernde Vorgehensweisen dar, die inhaltlich keine Konfliktaufarbeitung bzw. Vereinbarungsfindung vorsehen. An dieser Stelle kann von dem Anwender beider Systeme eine gemeinsame Schnittmenge erstellt werden. Es handelt sich dabei um den Versuch, kommunikationsfördernde NLP-Techniken, punktuell in das Verfahrensmodell der Mediation zu integrieren. Somit liegt eine Untersuchung der Kompatibilität von Mediation und NLP-Techniken vor. Die folgende Fragestellung ist die Grundlage der anschließenden Diskussionsrunde und Meinungserhebung:

Die Inbezugnahme von Kommunikationstechniken des Neuro-Linguistischen Programmierens optimiert den Verfahrensablauf der Mediation.

3.2 Erhebungsmethode

Als Erhebungsmethode wurde eine Diskussionsrunde von Fachleuten gewählt. In diesem Rahmen wurde, unter moderierter Anleitung, zu vier Fragestellungen Position bezogen. Diese qualitative Art der Interviewführung ermöglicht den Teilnehmern, während der Gesprächszeit anderer, selber eine Reflexion des gehörten Inhaltes durchzuführen und anschließend eine noch umfangreichere und tiefergehende Antwort zu formulieren. Die Redezeit jedes Teilnehmers pro Frage bzw. Arbeitsaufforderung betrug maximal 5 Minuten. Die persönlichen Antworten sind zunächst in Sprachform niedergeschrieben, anschließend folgt eine qualitative Inhaltsanalyse nach Philipp Mayring.

3.3 Der Teilnehmerkreis

Der Teilnehmerkreis stellt sich aus vier Personen zusammen, die unabhängig von ihrer Berufsgruppe eine Ausbildung in mediativen Verhandlungstechniken und Kommunikationstechniken des Neuro-Lin-

104

guistischen Programmierens absolviert haben. Nähere Informationen zu den einzelnen Personen sind eingehend zum jeweiligen Antwortblock angegeben. An dieser Stelle soll erneut herausgehoben sein, dass den Teilnehmern der Diskussionsrunde keine Therapie- bzw. Hypnosetechniken des Neuro-Linguistischen Programmierens bekannt sind und diese auch nicht Grundlage der Studie sind. Ausgesucht wurden die Teilnehmer nach ihren Berufsbildern. Voraussetzung war die Ausbildung in Mediation sowie in Kommunikationstechniken des NLP. Es soll einerseits ein hauptberuflicher Mediator und andererseits ein Verkäufer bestandteil der Interviewgruppe sein. Der Verkäufer soll aufgrund seiner beruflichen Anwendung der Mediations- und NLP-Techniken einen Gegenpol bezüglich des Mediators einnehmen. Die beiden Rechtsanwälte sollen Vertreter der spezifischen Berufsgruppe sein, die in Deutschland gegenwärtig die meisten Mediationsverfahren im Bereich der gerichtsnahen Mediation ausführt.

3.4 Aufgabenkatalog

Die nun folgenden vier Arbeitsaufforderungen sind die Gegenstände der gemeinsamen Diskussionsrunde. Alle vier Teilnehmer sind angehalten, Ihre Erfahrungen, Erlebnisse und Einsichten zu den einzelnen Punkten dem Auditorium zur Verfügung zu stellen. Anschließend erweitern sich die Ansichten und reflektierten Gedanken der Teilnehmer, und eine nächste Person tritt aus dem Bereich des Auditoriums heraus und übernimmt die aktive Rolle des Sprechers. Worauf die folgenden Arbeitsaufforderungen abzielen und weshalb sie so formuliert wurden, zeigt die nun anschließende Erörterung.

a)

Beschreiben Sie Ihre Motivation bzw. den Umstand, der Sie veranlasst hat, Kommunikationstechniken des Neuro-Linguistischen Programmierens in Ihre Beratungsmethode zu integrieren.

Anhand dieser Aufschlüsselung soll einleitend eine Offenbarung des Sprechenden erfolgen. Idealerweise heißt jenes, dass an dieser Stelle von eigenen Blockaden bzw. von Schwierigkeiten gesprochen wird, die während des mediativen Handelns auftraten und welche den Referenten veranlasst haben, neue Wege zu gehen.

b)

Beschreiben Sie die Veränderungsprozesse, welche Sie während der Ausbildung in Ihren Denk- und Handlungsverfahren selber bemerkt haben.

Auch an dieser Stelle ist ein hohes Maß an Selbstreflektion gefragt. Der frühere Standpunkt, mit den entsprechenden Verfahrensproblemen wird verlassen. Es gibt jetzt Zeit und Raum, um den internen Wandlungsprozess mit seinen positiven und / oder zweifelnden Veränderungsprozessen erneut zu durchleben und darzustellen.

c)

Beschreiben Sie Ihre Erfahrungen in der Anwendung nach der Integrierung der Techniken in Ihre Beratungsmethode.

Den einleitenden, lernenden Teil verlassend, wird hier das persönliche sowie das externe Feedback zum Zeitpunkt nach der Systemintegrierung und ersten Anwendung mitgeteilt. Die Techniken und ihre Nutzung werden an dieser Stelle auf die Probe gestellt und entsprechend beurteilt.

d)

Beschreiben Sie, wie sich die Techniken auf Ihre Beratungsmethode bzw. Ihr Beratungskonzept auswirkten.

Abschließend soll dargestellt werden, wie sich nachhaltig gemäß des Erfolges oder des Misserfolges in der Anwendung der Techniken, das Beratungskonzept verändert hat. Hier kann zur Sprache kommen, wie mit beiden Systemen umgegangen wird bzw. wie sie ineinander verschachtelt werden, oder wie sich die Beratungsmethode der Mediation in ihrer Struktur und das persönliche Vorgehen im Verfahren verändert hat.

3.5 Diskussionsrunde

Es folgt nun die Niederschrift der Stellungnahmen in Sprachform. Die Antworten wurden den Teilnehmern zugeordnet und somit ein Fokus auf die Gesamtaussagen der einzelnen Personen gesetzt. Während der Durchführung der Diskussionsrunde nahmen alle Teilnehmer der Reihe um zunächst Stellung zu einer Frage. Anschließend begann man erneut mit der Aussage des ersten Sprechers zu der nächsten Frage.

3.5.1 Fall A - Protokoll

Personenangaben:

a) Alter: 37
b) Geschlecht: männlich
c) Beruf: Sales Director
d) Studium: Diplom Volkswirt
e) Mediation   seit 2002
f) NLP   seit 2007

Stellungnahmen:

a)
Beschreiben Sie Ihre Motivation bzw. den Umstand, der Sie veranlasst hat Kommunikationstechniken des Neuro-Linguistischen Programmierens in Ihre Beratungsmethode zu integrieren.

Naja, NLP spielet für mich in zwei Bereichen eine wichtige Rolle. Erstens, in der Art und Weise Verkaufsgespräche zu führen und zweitens in der Mitarbeiterbetreuung. Da natürlich in der Verbindung mit Mediation. Den Anspruch, den ich hatte, war Verkaufs- und Mitarbeitergespräche professioneller und effektiver zu führen. Gemäß den Regeln beider Systeme würde das bedeuten, dass das grundliegende Selbstverständnis beider Verfahren eine Optimierung erwirkt. Vereinzelte Elemente, die ich in Schulungen an meine Teams weitergab, vermittelten auch ihnen mehr Sicherheit im Verkaufsprozess. Dieser

Standpunkt wurde im Rahmen einer Nachbesprechung von den Mitarbeitern dargestellt. Bezogen auf die Verkaufsmethode, sah ich das als Versuch an, dem Kunden nicht direkt den Eindruck zu vermitteln, dass es sich um ein Verkaufsgespräch handelt. Sondern, die Verkäufer sollten sich mit dem Kunden erstmal auf einer Gesprächsebene treffen, damit eine vernünftige Unterhaltung zustande kommen konnte. Das Ziel war natürlich, einen schnelleren Vertragsabschluss zu erwirken. Bei meiner Interventionsarbeit bezüglich der Mitarbeiter wiederum, benötigte ich damals wirkungsvolle Wege und Konzepte um eine möglichst kontinuierliche Teamharmonie herzustellen und die Mitarbeiter immer wieder zu motivieren.

b)

Beschreiben Sie die Veränderungsprozesse, welche Sie während der Ausbildung in Ihren Denk- und Handlungsverfahren selber bemerkt haben.

Was sich bei mir bereits zwischen den Schulungsterminen nach und nach eingestellt hat war, dass ich viele Techniken in mein Kommunikationskonzept bewusst integrierte. Den realen Nutzen und die Möglichkeiten der Umsetzung in meiner beruflichen Position habe ich ziemlich schnell erkannt und wollte dementsprechend ein zeitnahes positives Feedback. Was entstand, war eine klare und eindeutige Verständigung mit meinen Mitarbeitern. Mißverständnisse wurden teilweise vorab vermieden. Ich wollte also präventiv tätig sein. Das wiederum durch die systematische Abfrage von Bedürfnissen usw. Mich selber brachten diese internen Prozesse an den Punkt, dass ich

mich Anregungen von neuen Mitarbeitern gegenüber geöffnet habe -
ich habe also gelernt sämtliche Standpunkte zu akzeptieren und als
Arbeitsgrundlage zu nutzen. Was meine persönliche Einstellung angeht, fühlte ich mich meinen Kollegen gegenüber sicher und überle-
gen. Ich wollte Phänomenen, wie der internen Betriebsblindheit vor-
beugen und regte meine Mitarbeiter an, sich der eignen Kompetenzen
klarzuwerden und diese in der individuellen Tätigkeit positiv ein-
fließenzulassen.

c)

Beschreiben Sie Ihre Erfahrungen in der Anwendung, d.h. nach der
Integrierung der Techniken in Ihre Beratungsmethode.

Meiner Empfindung nach, trat ich sicherer auf als vorher. Das geschah aus dem Gefühl heraus, dass ich kommunikativ genau wusste,
was ich tat bzw. was ich erreichen konnte oder wollte. Ich verspürte
eine eindeutige Verbesserung meiner Tätigkeit als Führungskraft, wo
ich mediativ ebenso Verantwortung trug wie in unseren Trainingspro-
grammen. Ich kam mir vor, ... als ob ich ... erst zu diesem Zeitpunkt
„Zuhören" gelernt oder mir überhaupt eine gewisse Art der Gesprächsführung angeeignet hatte. Nach der Weitergabe vereinzelter
Inhalte an meine Mitarbeiter, gaben mir diese wiederum ein positives
Feedback, was ihre Verkaufstätigkeit anging. Es entstanden längere
Gespräche, mit einem höheren Informationsfluss und auf diesem Weg
kamen dann Vertragsabschlüsse schneller zustande.

d)

Beschreiben Sie, wie sich die Techniken auf Ihre Beratungsmethode bzw. Beratungskonzept auswirkten.

Im Bereich des Trainings und der Beratung meiner Teams achte ich jetzt verstärkt auf das kontinuierliche Einfließen neuer Erfahrungen und Ideen und einer entsprechenden möglichst zeitnahen Umsetzung. Naja, ... bin halt selbst offener für Neues geworden. Das anschließende Controlling oder einfaches Nachfassen ist in diesem Zusammenhang in unserer neuen Methode sehr wichtig geworden. Mit dieser Art der Reflektion stellen wir fest, mit welchem Erfolg die einzelnen Vorgehensweisen Anwendung gefunden haben. In der Gruppenarbeit, wenn Methoden reflektiert und Erfahrungen ausgetauscht werden, arbeiten wir jetzt immer mit Beispielen, d.h. die Situationen werden nochmal nachgespielt und die Mitarbeiter schlüpfen erneut in die Rolle des Verkaufsgespräches hinein. Das Training wird meiner Meinung nach anschaulicher und effektiver.

3.5.2 Fall B - Protokoll

Personenangaben:

a) Alter:	32
b) Geschlecht:	männlich
c) Beruf:	Jurist
d) Studium:	Rechtswissenschaften
e) Mediation	seit 2007

f) NLP   seit 2008

Stellungnahmen:

a)

*Beschreiben Sie Ihre Motivation bzw. den Umstand, der Sie veran-
lasst hat Kommunikationstechniken des Neuro-Linguistischen Programmierens in Ihre Beratungsmethode zu integrieren.*

Ich bin durch Zufall bei der Lektüre eines Buches über Verhandlungstechniken auf NLP gestoßen. Nach weiterer Recherche kam ich zu
dem Schluss , dass eine Verbindung von Mediation mit NLP sich na-
hezu aufdrängt. Einerseits um einen besseren Zugang zum Mandanten
zu finden und andererseits um bei außergerichtlichen Verhandlungen
mit der Gegenseite zu Ergebnissen zu kommen, die dem Mandanten
maximalen Erfolg verschaffen, der Gegenseite gleichzeitig aber nicht
dass Gefühl von Unterlegenheit vermitteln.

b)

*Beschreiben Sie die Veränderungsprozesse, welche Sie während der
Ausbildung in Ihren Denk- und Handlungsverfahren selber bemerkt
haben.*

Anfangs versucht man die gewonnenen Erkenntnisse noch sehr bewusst im Alltag umzusetzen und zu verarbeiten. Mit der Zeit stellt
sich dann jedoch eine unterbewusste Anwendung der Techniken ein,
NLP geht einem sozusagen in Fleisch und Blut über.

c)

Beschreiben Sie Ihre Erfahrungen in der Anwendung, d.h. nach der Integrierung der Techniken in Ihre Beratungsmethode.

Die Anwendung von NLP führt zu besseren Ergebnissen bei der außergerichtlichen Streitschlichtung. Man lernt, die wahren, oft unausgesprochenen Hintergründe der Fälle besser zu erforschen und kann so auf die Bedürfnisse der Parteien besser eingehen. ... Es erfordert oft viel Fingerspitzengefühl, den Parteien klar zu machen, was wirklich das beste Ergebnis für sie ist. Die Holzhammermethode kommt hier oft nicht gut an. All zu offensives Vorgehen bewirkt meist nur eine Blockadehaltung. Wenn man der Partei die gewünschte Lösung als ihre eigene Idee verkaufen kann, haben alle (gefühlt jedenfalls) gewonnen.

d)

Beschreiben Sie, wie sich die Techniken auf Ihre Beratungsmethode bzw. Beratungskonzept auswirkten.

Es ist von Vorteil, wenn man die Gegenseite persönlich kennenlernt und gegebenenfalls zu Verhandlungen am selben Tisch sitzt, um Körpersprache und –signale besser deuten zu können. Entsprechend finden die Techniken des NLP ihren optimalen Einsatzrahmen. Daher versuche ich mehr als vorher, nicht nur schriftlich zu verhandeln. Dies erscheint auf den ersten Blick aufwändiger, führt aber letztendlich zu schnelleren Lösungen für alle und spart den Parteien im Endeffekt oft eine Menge Zeit und Geld.

3.5.3 Fall C - Protokoll

Personenangaben:

a) Alter: 38
b) Geschlecht: weiblich
c) Beruf: Rechtsanwältin
d) Studium: Rechtswissenschaften, LL.M.
e) Mediation   seit 2000
f) NLP   seit 2006

Stellungnahmen:

a)

Beschreiben Sie Ihre Motivation bzw. den Umstand, der Sie veranlasst hat Kommunikationstechniken des Neuro-Linguistischen Programmierens in Ihre Beratungsmethode zu integrieren.

Ich habe die Kommunikationstechniken des NLP in meine anwaltliche Tätigkeit integriert, um die Qualität meiner Arbeit zu erhöhen. Die wahren Interessen meiner Mandanten lassen sich jetzt besser herausfinden und im Ergebnis steigt deren Zufriedenheit. Mir war es wichtig, Techniken zu erlernen, um über den kommunikativen Bezug analytisch arbeiten zu können.

b)

Beschreiben Sie die Veränderungsprozesse, welche Sie während der Ausbildung in Ihren Denk- und Handlungsverfahren selber bemerkt haben.

Mit Hilfe der in der Ausbildung erlernten Techniken habe ich gelernt, mich in Konfliktsituationen besser auszudrücken.

c)

Beschreiben Sie Ihre Erfahrungen in der Anwendung, d.h. nach der Integrierung der Techniken in Ihre Beratungsmethode.

Die Mandanten scheinen jetzt zufriedener, da zum einen ihre Interessen mehr Berücksichtigung finden und ihnen zum anderen mit Hilfe des aktiven Zuhörens Gelegenheit gegeben wird, ihrem Ärger Platz zu machen.

d)

Beschreiben Sie, wie sich die Techniken auf Ihre Beratungsmethode bzw. Beratungskonzept auswirkten.

Durch die Integration der Kommunikationstechniken ist die Beratung umfassender geworden und qualitativ höherwertig.

3.5.4 Fall D - Protokoll

Personenangaben:

a) Alter: 32
b) Geschlecht: männlich
c) Beruf: Mediator
d) Studium: Mediation
e) Mediation   seit 2006
f) NLP   seit 2006

Stellungnahmen:

a)

Beschreiben Sie Ihre Motivation bzw. den Umstand, der Sie veranlasst hat Kommunikationstechniken des Neuro-Linguistischen Programmierens in Ihre Beratungsmethode zu integrieren.

Anfangs war mir die entscheidene Rolle, welche der verbalen und nonverbalen Kommunikation im Mediationsverfahren zukommt, nicht bewusst. Mein Fokus war auf das Phasenmodell und auf die Erfüllung der theoretischen Rahmenbedingungen ausgerichtet. Später bildete ich mir ein, die Möglichkeiten, die man mit einem erweiterten Kenntnisstand im Bereich der Kommunikation haben müsste, verstanden zu haben.

b)

Beschreiben Sie die Veränderungsprozesse, welche Sie während der Ausbildung in Ihren Denk- und Handlungsverfahren selber bemerkt haben.

Es war, als würden hunderte von internen Prozessen, Ansichten und Vorgehensweisen einen Namen bekommen. Viele automatisierte Verhaltensweisen konnten oder mussten sogar jetzt hinterfragt, analysiert und neu geordnet werden. Als ob ein Spiegel aufgezeigt wurde, der mich selbst aber auch die anderen Menschen entschlüsselte. Ja, diese Erfahrungen begleiteten mich während der Ausbildung und ließen schon fast eine Art Hochachtung gegenüber dem System oder gar eine innere Ruhe enstehen.

c)

Beschreiben Sie Ihre Erfahrungen in der Anwendung, d.h. nach der Integrierung der Techniken in Ihre Beratungsmethode.

Ich bin sicherer und ruhiger in die Sitzungen reingegangen und habe das Verfahren auf mich zu kommen lassen. Ich fand erst hier bei mir eine professionelle Beratereinstellung. Ich begriff viel schneller, wie sich die Medianten fühlten bzw. wo sie hinsteuerten. Dementsprechend konnte ich Fragen gezielter und effektiver positionieren.

d)

Beschreiben Sie, wie sich die Techniken auf Ihre Beratungsmethode bzw. Beratungskonzept auswirkten.

Mein Konzept hat sich tatsächlich geändert. Das blinde Festhalten an Rahmenbedingungen und das Abarbeiten des Phasenmodellen rückte in den Hintergrund. Es wurde mir klar, wieviele Konzepte und Strategien in der Mediation Platz haben oder Anwendung finden können. Ich stellte mich nach und nach also total auf die Bedürfnisse der Medianten ein und steuerte somit das Verfahren aus einer passiven Position aber dennoch kontrolliert. So komisch sich das auch anhören mag.

3.6 Qualitative Auswertung nach Philipp Mayring

3.6.1 Tabellenagenda:

Fall: Der Teilnehmer der Diskussionsrunde - A, B, C, D
Frage: Zu diskutierender Arbeitsauftrag - a, b, c, d
Seite: Verweis auf die Textstelle im Sprachtext
Nr.:   Ausgewertete und nummerierte Stellungnahmen
Antwort: Reduzierte und selektierte Antworten des Teilnehmers
             zum Thema

3.6.2 Fall A- Auswertung

Personenangaben:

a) Alter: 37
b) Geschlecht: männlich
c) Beruf: Sales Director

d) Studium: Diplom Volkswirt

e) Mediation   seit 2002

f) NLP   seit 2007

Fall	Frage	Seite	Nr	Antwort
A	a		1	Gesprächsführung sollte NLP beinhalten
A	a		2	Mehrwert von Gesprächen sollte maximiert werden
A	a		3	Verkaufsmethode sollte verdeckt wirken
A	a		4	Vernünftige Verkaufsgespräche sollten entstehen
A	a		5	Vertragsabschluss sollte schneller erzielt werden
A	b		1	Kommunikationskonzept wurde erweitert
A	b		2	Sicherheit und Überlegenheit entstand
A	b		3	Verständigung wurde optimiert
A	b		4	Mißverständnisse wurden vermieden
A	b		5	Bedürfnissabfrage vermied Konflikte
A	b		6	Veränderungen optimierten Arbeitsprozesse
A	b		7	Kompetenzen wurden erkannt u. genutzt
A	c		1	Sicherheit durch Kommunikationskompetenz
A	c		2	Führungskrafttätigkeit wurde professioneller
A	c		3	Bewusste Gesprächsführung wurde entdeckt
A	c		4	Positives Feedback zu Verkaufstätigkeit
A	c		5	Lange Gespräche, mehr Informationen und schnellere Abschlüsse
A	d		1	Akzeptanz neuer Ideen hat Priorität
A	d		2	Neue Ansätze werden nachgearbeitet
A	d		3	Gruppenarbeit schließt Rollenspiele ein
A	d		4	Training ist anschaulicher und effektiver

3.6.3 Fall B - Auswertung

Personenangaben:

a) Alter: 32

b) Geschlecht: männlich

c) Beruf: Jurist

d) Studium: Rechtswissenschaften

e) Mediation   seit 2007

f) NLP   seit 2008

Fall	Frage	Seite	Nr	Antwort
B	a		1	Zufällig über NLP gelesen
B	a		2	Intensivierung des Mediationsverfahrens
B	a		3	Wunsch nach erfolgreicherem Arbeiten
B	a		4	Erfolg ohne Gefühl der Unterlegenheit zu vermitteln
B	b		1	Bewusstes umzusetzen der Techniken im Alltag
B	b		2	Später unterbewusste Anwendung der Techniken
B	c		1	Mehr Erfolg bei außergerichtlicher Streitschlichtung
B	c		2	Hintergründe und Bedürfnisse werden erkannt
B	c		3	Mehrwertanalyse benötigt viel Erfahrung
B	c		4	Offensives Vorgehen bewirkt Blockaden
B	c		5	Lösungen als Resultat eigener Arbeit erkannt
B	d		1	NLP förderte Verständnis und Kommunikation
B	d		2	Persönlicher Kontakt ist jetzt Arbeitsgrundlage
B	d		3	Größerer Aufwand führt zu schnelleren Lösungen
B	d		4	Anwendung spart Zeit und Geld

3.6.4 Fall C - Auswertung

Personenangaben:

a) Alter: 38

b) Geschlecht: weiblich

c) Beruf: Rechtsanwältin

d) Studium: Rechtswissenschaften, LL.M.

e) Mediation   seit 2000

f) NLP   seit 2006

Fall	Frage	Seite	Nr	Antwort
C	a		1	Qualitätssteigerung der Arbeit
C	a		2	Besseres Verständnis für höhere Zufrieden-heit
C	a		3	Erlernen eines analytischen Arbeitens
C	b		1	Bessere Kommunikation in Konfliktsituatio-nen
C	c		1	Höhere Mandantenzufriedenheit
C	c		2	Interessen finden Berücksichtigung
C	c		3	Frustbewältigung der Mandanten möglich
C	d		1	Beratung ist umfassender und qualitativ hochwertiger

3.6.5 Fall D - Auswertung

Personenangaben:

a) Alter: 32

b) Geschlecht: männlich

c) Beruf: Mediator

d) Studium: Mediation

e) Mediation   seit 2006

f) NLP   seit 2006

Fall	Frage	Seite	Nr	Antwort
D	a		1	Phasenmodell stand isoliert im Mittelpunkt
D	a		2	Kommunikationstechniken wurden nicht integriert
D	b		1	Prozesse bekamen einen Namen
D	b		2	Verhaltensweisen traten ins Bewusstsein
D	b		3	Techniken entschlüsselten die Mitmenschen
D	b		4	Es entstand Hochachtung für NLP-Techniken
D	b		5	Innere Ruhe trat ein
D	c		1	Verfahrenssicherheit und -gelassenheit trat ein
D	c		2	Professionelle Beratereinstellung wuchs heran
D	c		3	Strategien der Medianten wurden erkennbar
D	c		4	Fragen wurden effektiver positioniert
D	d		1	Theorie trat in den Hintergrund
D	d		2	Anwendungen fanden in der Mediation Platz
D	d		3	Bedürfnisse der Medianten nahmen Einfluss auf das Verfahren

4 Diskussion der Stellungnahmen

Die zu erkennende Motivation des Erlernens von Kommunikationstechniken des Neuro-Linguistischen Programmierens ist bei allen vier
Diskussionsteilnehmern grundlegend ähnlich. Es wurde eine Prozessoptimierung im Bereich des angewandten und integrierten Mediationsverfahrens bzw. in dem hauptberuflichen Umfeld angestrebt.
Dieses bestätigen folgende Aussagen:

Fall	Frage	Seite	Nr	Antwort
A	a	66	2	Mehrwert von Gesprächen sollte maximiert werden

Fall	Frage	Seite	Nr	Antwort
B	a	69	2	Intensivierung des Mediationsverfahrens
B	a	69	3	Wunsch nach erfolgreicherem Arbeiten

Fall	Frage	Seite	Nr	Antwort
C	a	70	1	Qualitätssteigerung der Arbeit

Fall	Frage	Seite	Nr	Antwort
D	a	72	2	Kommunikationstechniken sollten zukünftig integriert werden

Liegt nun der professionelle Schwerpunkt im Bereich der Mediation
oder wurden die Mediationsmodule als Verhandlungsstrategien wiederum in den beruflichen Schwerpunkt der Person integriert, so fand

nachweislich eine nachhaltige Effektivierung in dem spezifischen Verfahren statt. Folgende Statements spiegeln diese Darstellung:

Fall	Frage	Seite	Nr	Antwort
A	b	67	1	Kommunikationskonzept wurde erweitert
A	b	67	3	Verständigung wurde optimiert
A	c	67	1	Sicherheit durch Kommunikationskompetenz
A	c	67	5	Lange Gespräche, mehr Informationen und schnellere Abschlüsse
A	d	68	4	Training ist anschaulicher und effektiver

Fall	Frage	Seite	Nr	Antwort
B	c	69	1	Bessere Ergebnisse bei außergerichtlicher Streitschlichtung
B	c	69	5	Lösungen werden als Resultat eigener Arbeit erkannt
B	d	70	1	NLP förderte Verständnis, Kommunikation und Verhandlungserfolg
B	d	70	3	Größerer Aufwand führt zu schnelleren Lösungen
B	d	70	4	Anwendung spart Zeit und Geld

Fall	Frage	Seite	Nr	Antwort
C	b	71	1	Bessere Kommunikation in Konfliktsituationen
C	c	71	1	Höhere Mandantenzufriedenheit
C	c	71	2	Interessen finden Berücksichtigung
C	c	71	3	Frustbewältigung der Mandanten ist möglich
C	d	71	1	Beratung ist umfassender und qualitativ hochwertiger

Fall	Frage	Seite	Nr	Antwort
D	b	72	3	Techniken entschlüsselten die Mitmenschen
D	c	72	1	Verfahrenssicherheit und -gelassenheit trat ein
D	c	72	2	Professionelle Beratereinstellung etablierte sich
D	c	72	3	Strategien der Medianten wurden erkennbar
D	c	72	4	Fragen wurden effektiver positioniert

Die Veränderung und Erweiterung von persönlichen Konzepten und Strategien fand demnach aufgrund der Effektivität der Techniken statt. Die Überzeugungskraft der Techniken erschloss sich einerseits aus der persönlichen Reflektion und internen Aufarbeitung, andererseits durch die Erfolge in der Anwendung und das positive Resultat im Rahmen der Verfahrensdurchführung. Die Interviewpartner äußerten sich sinngemäß:

Fall	Frage	Seite	Nr	Antwort
A	c	67	4	Positives Feedback zu Verkaufstätigkeit

Fall	Frage	Seite	Nr	Antwort
B	b	69	2	Später unterbewusste Anwendung der Techniken

Fall	Frage	Seite	Nr	Antwort
C	c	71	1	Höhere Mandantenzufriedenheit

Fall	Frage	Seite	Nr	Antwort
D	b	72	5	Innere Ruhe trat ein

Somit legten die Teilnehmer abschließend dar, dass die Techniken nicht nur einen positiven Einfluss auf ihre Persönlichkeit, sondern

ebenfalls ein breites Spektrum an Vorteilen und optimierenden Aus-
wirkungen im Verfahrensbereich der Mediation sowie im gesamten
beruflichen Umfeld haben. Welchen Rahmen dies annahm, wird jetzt
dargestellt:

Fall	Frage	Seite	Nr	Antwort
A	b	67	6	Veränderungen optimierten Arbeitsprozesse
A	b	67	7	Kompetenzen wurden erkannt und genutzt
A	c	67	2	Führungskrafttätigkeit wurde professioneller

Fall	Frage	Seite	Nr	Antwort
B	d	70	2	Persönlicher Kontakt ist jetzt Arbeitsgrundlage
B	d	70	4	Anwendung spart Zeit und Geld

Fall	Frage	Seite	Nr	Antwort
C	a	70	2	Besseres Verständnis für höhere Zufriedenheit
C	a	70	3	Erlernen eines analytischen Arbeitens
C	d	71	1	Beratung ist umfassender und qualitativ hochwertiger

Fall	Frage	Seite	Nr	Antwort
D	c	72	3	Strategien der Medianten wurden erkennbar
D	c	72	4	Fragen wurden effektiver positioniert
D	d	73	1	Theorie trat in den Hintergrund
D	d	73	2	Diverse Anwendungen fanden in der Mediation platz
D	d	73	3	Bedürfnisse der Medianten nahmen Einfluss auf das Verfahren

Die entstandenen persönlichen und kommunikativen Kompetenzen räumten den Anwendern mehr Freiraum im Verfahren ein, um sich gezielter auf die Medianten zu konzentrieren. Obwohl das Neuro-Linguistische Programmieren öffentlicher Kritik untersteht, wird meiner Meinung anhand dieser Studie der positive Mehrwert, den die Techniken auf die eigene Personlichkeit sowie auf den zwischenmenschlichen Kontakt haben, erkennbar. Nicht Bestandteil dieser Diskussion sind therapeutische und hypnotische Techniken des Neuro-Linguistischen Programmierens. Diese Techniken behandeln einen anderen Rahmen und wirken somit nicht mehr kommunikationsfördernd, sondern bauen auf einen bestehenden kommunikativen Bezug auf.

5 Ausblick

Die Grundlage der Mediation bzw. das Werkzeug des Mediators sowie einer Person die, in führender Position, im Umgang mit Menschen steht, ist die Kommunikation. Meiner Meinung nach ist ein Erlernen von Techniken, die einen kommunikativen Einfluss haben, im sozialen Miteinander somit eine moralische Verpflichtung. Es geht inhaltlich nicht nur um das richtige Senden und Empfangen von Nachrichten, sondern auch um das korrekte Verstehen und um die Auswirkung, die Kommunikation haben kann. Schließlich sollte auch bewusst sein, dass der einzige Schutz vor einer Anwendung von solchen zielführenden Techniken die eigene Sachkenntnis bezüglich dieser Verfahren ist. Denn nicht immer, wenn ein kommunikativer Bezug erstellt wird, ist dieser auch erwünscht. Im Rahmen der Mediation sprechen wir nun aber über optimierende Verfahrenstechniken, die ein

gemeinsames Ziel verfolgen, nicht aber das Erreichen von individuellen Zielen einer einzelnen Person in den Mittelpunkt stellen. Wie
wichtig NLP für die Mediation ist, wird ein Feedback ergeben,
welches sich im Bereich der aktiven Mediatoren über mehrere Jahre
entwickeln wird. Der Erfolg dieser Techniken sowie die Kompetenz
des Mediators bezüglich ihrer Verfahrensintegrierung drückt sich über
die Marktbeständigkeit des Individuums in seiner Position als Dienst-
leister aus.

6 Quellennachweis

Apfelbaum, E. (1974) On Conflicts and Bargaining. Advances in Experimental Social Psychology 7, 103 – 156

Bandler, R., Grinder, J. (1989): The Structure of Magic: A Book about Language and Therapy. Palo Alto: Science & Behavior Books

Blake, R., Mouton, J. (1964): The Managerial Grid: The Key to Leadership Excellence. Houston: Gulf Publishing Co.

Bördlein, C. (2001) Neurolinguistische Programmieren (NLP) - Hochwirksame Techniken oder haltlose Behauptungen? *Schulheft, 103*, 117-129

Coser, L. (1956) The Functions of Social Conflict. Illinois: The Free Press

Deutsch, M. (1973) The Resolution of Conflict. New Haven: Yale University Press

Erdmann, D. (2008) NLP-Mediation - Bessere Kommunikation für bessere Lösungen. Berlin: Lulu

Europäische Kommission (2004). Verhaltenskodex für Mediatoren

Faire, C. (1995). Tu ganas yo gano. Madrid: Editorial Gaia

Fisher, R., Ury, W., Patton, B. (2004). Das Harvard-Konzept. Der Klassiker der Verhandlungstechnik. Frankfurt: Campus Fachbuch

Haynes, J. (1995). Fundamentos de la mediación familiar. Madrid: Editorial Gaia

Henschel, T. (2006). Mediation. Schulungsunterlagen der MAB, S. 1

Henschel, T. (2006). Kommunikationstechniken und Strategien in der Mediation. Schulungsunterlagen der MAB, S. 14

Knuth, J. (2007). Triebtheorie nach Sigmund Freud im Hinblick auf Aggressionen. München: Grin Verlag

Krämer, G., Quappe, S. (2006). Interkulturelle Kommunikation mit NLP. Berlin: Uni-Edition

Lewin, K. (1948). Resolving Social Conflicts. New York: Harper and Row Publishers

Marlow, L. (1999). Mediación familiar. Barcelona: Editorial Granica

Matschnig, M. (2007). Körpersprache: Verräterische Gesten und wirkungsvolle Signale. München: Gräfe & Unzer

Mohl, A. (2006). Der Zauberlehrling. Paderborn: Jungfermann

Mohl, A. (2002). Der Meisterschüler. Paderborn: Jungfermann

Muldoon, B. (1998). El corazón del conflicto. Barcelona: Paidós

Pawlow, I. (1973). Auseinandersetzung mit der Psychologie. München: Kindler

Rosenberg, M. (2007). Gewaltfreie Kommunikation. Paderborn: Jungfermann

Samper, B. (1998). Una solución a los conflictos de ruptura de pareja. Madrid: Editorial Colex

Seifert, J. (2003). Moderation und Kommunikation. Gruppendynamik und Konfliktmanagement in moderierten Gruppen. Offenbach: Gabal

Suáres, M. (1996). Mediación, conducción de disputas, comunicación y técnicas. Buenos Aires: Editorial Piados

Sunderland, M. (2007). Die neue Elternschule. München: Dorling Kindersley Verlag

Thiel, A. (2003). Soziale Konflikte. Bielefeld: Transcript Verlag

Zülsdorf, R. (2007). Strukturelle Konflikte in Unternehmen. Wiesbaden: Gabler

www.ingramcontent.com/pod-product-compliance
Lightning Source LLC
Chambersburg PA
CBHW022003170526
45157CB00003B/1121